少年创客学院

SCRATCH
编程一学就会
SCRATCH BIANCHENG YI XUE JIU HUI

英国尤斯伯恩出版公司　编著

陈珊　张宇　杨洋　译

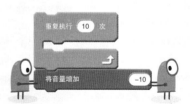

接力出版社
Publishing House

目录

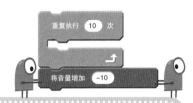

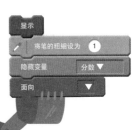

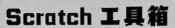

什么是编码?

编码就是为计算机编写指令,将信息从一种形式转换为另一种形式的过程。经过转换,使得计算机可以分析和处理信息,完成人们交给它们的任务。一组指令序列称为程序。通过学习编码,你就可以自己创建一个程序了。

如何让计算机理解指令?

如果要运行一个程序,就必须以计算机能够理解的方式进行编码,也就是说要把所有的指令分解成清晰、简单的步骤,然后把这些指令转换成计算机能够理解的语言。

> **注意!**
>
> 计算机不能自己进行思考,只能机械地按照指令运行。所以每个指令都要写清楚,不要遗漏任何细节。

命令:倒牛奶

糟糕!我忘了说停!

什么是计算机语言?

计算机语言与普通语言相比,使用的词汇量更少,因此限制性更强,具体的使用规则也更精准。

计算机语言有很多种类,不同的计算机语言是为不同类型的编码而设计的。Scratch 是其中的一种,这是一种专门为初学者设计的语言。大多数人刚刚开始学习计算机语言时,都会选择 Scratch。

Scratch 非常适合用来制作游戏和动画,也适合用来学习编程知识。

SCRATCH

Scratch 是由麻省理工学院(MIT)媒体实验室的"终身幼儿园"小组开发的。你可以在网上搜索并下载 Scratch 软件。

为什么选择 Scratch？

Scratch 的设计原则就是使用简单、方便、快捷。在 Scratch 中，你可以将现成的代码块拼接在一起来构建程序。代码块也叫代码积木。

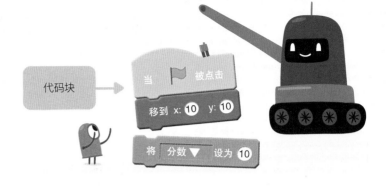

代码块

当 🚩 被点击

移到 x: 10 y: 10

将 分数 ▼ 设为 10

书中会有许多的小卡片，你在阅读的过程中，可以多多注意像这样的卡片。绿色的卡片中有一些**关键问**题的解释。蓝色的卡片中有使用 **Scratch** 的小贴士。

关于这本书

这本书能教会我们如何利用 Scratch 创建动画、故事和游戏，还将介绍许多编写代码的技巧，所有的例子都被分解成简短的、易于操作的步骤。

让我们开始吧！

下载并将 Scratch 软件安装到你的计算机上，就可以开始动手操作了。注意：本书所使用的 Scratch 版本需要带着鼠标和键盘的计算机。

使用互联网时，寻求成年人的指导，并注意网络安全。

少年创客学院素材库

本书中所有程库的脚本都可以在少年创客学院素材库中找到，你还可以登录 usborne.swanreads.com/mak-er/ 查看并下载。

开启Scratch之旅

当你在计算机上启动 Scratch 时，你会看到下面的界面。

在 Scratch 网站上，点击蓝色横条里的"创建"跳转到如下图显示的界面。

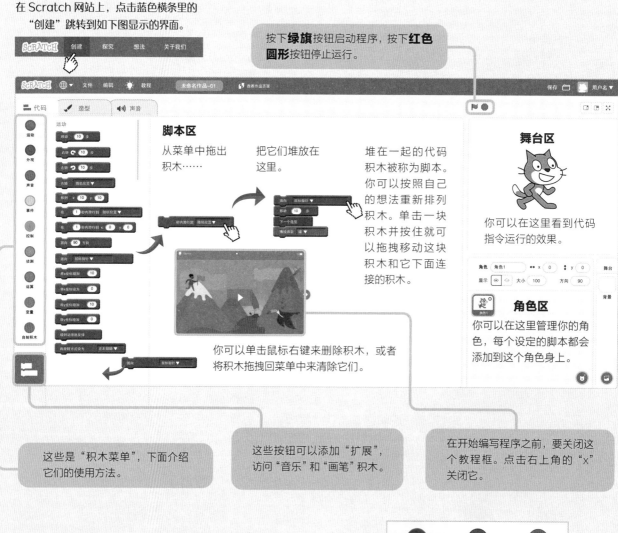

按下**绿旗**按钮启动程序，按下**红色圆形**按钮停止运行。

脚本区

从菜单中拖出积木……

把它们堆放在这里。

堆在一起的代码积木被称为脚本。你可以按照自己的想法重新排列积木。单击一块积木并按住就可以拖拽移动这块积木和它下面连接的积木。

舞台区

你可以在这里看到代码指令运行的效果。

角色区

你可以在这里管理你的角色，每个设定的脚本都会添加到这个角色身上。

你可以单击鼠标右键来删除积木，或者将积木拖拽回菜单中来清除它们。

这些是"积木菜单"，下面介绍它们的使用方法。

这些按钮可以添加"扩展"，访问"音乐"和"画笔"积木。

在开始编写程序之前，要关闭这个教程框。点击右上角的"x"关闭它。

积木菜单

每个**"积木菜单"**包含各种不同颜色的积木。例如——

"运动"菜单中的积木（深蓝色积木）使角色移动。

"外观"菜单中的积木（紫色积木）改变元素的外观。

"控制"菜单中的积木（橙色积木）控制程序的脚本。

单击**"积木菜单"**的名称可以看到有哪些可用的积木。

你也可以翻到第 82 页，看一看完整的积木列表。

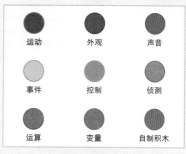

运动	外观	声音
事件	控制	侦测
运算	变量	自制积木

这里是九个**积木菜单**。

上手练习

1. 试着把"**运动**"菜单中的这三个积木拖到**脚本区**中,让猫走路……

然后单击"**声音**"菜单并添加一个"**播放声音**"积木。

将旋转方式设为 左右翻转 ▼
面向 鼠标指针 ▼
移动 10 步

从下拉菜单中选择"鼠标指针"。

播放声音 喵 ▼

从下拉菜单中选择"喵"。

关键字

像"移动"和"播放"这样的指令词有时被称为"关键字",因为它们在计算机语言中有明确、准确的含义。

2. 点击脚本的任意一块积木**运行**它。点击几次,看看会发生什么。

脚本运行时,相应的积木会**发光高亮**,猫会在舞台上一边走一边发出喵喵的叫声。(如果猫走得太远,你可以用鼠标把它拖回来。)

祝贺你!你已经编写完第一个程序脚本啦!

3. 但是这只猫现在看起来不像是在走路。因此,我们需要让它的腿动起来……

单击"**外观**"菜单并添加"**下一个造型**"积木。这将为角色切换到另一张图片或另一个"造型"(在这个例子中,猫的腿换到了一个新的位置)。试着单击这个脚本几次,看看会发生什么。

将旋转方式设为 左右翻转 ▼
面向 鼠标指针 ▼
移动 10 步
下一个造型
播放声音 喵 ▼

你可以在白色的方框里输入数字。

循环

循环在各种代码中被广泛使用,因为它们可以让程序变得更短,编写速度更快。

4. 猫的腿动起来了,但只有当你点击脚本时它才会动。为了让它一直变动,你需要使用"**控制**"菜单中的"**重复执行**"积木。这个积木可以使它内部的所有指令**循环**重复执行,你可以决定执行的次数。

重复执行 10 次
  将旋转方式设为
  面向 鼠标指针 ▼
  移动 10 步
  下一个造型

播放声音 喵 ▼

翻到下一页,看看如何把这段脚本变成一个简单的猫和老鼠的游戏吧。

猫和老鼠

这个游戏的玩法是玩家控制鼠标指针躲避猫的追捕。
如果猫碰到鼠标指针，它会说"抓到你了"，游戏就结束了。

1. 这个游戏需要用到新的循环积木"**重复执行直到**"。你可以在"**控制**"菜单中找到这个积木。

2. 把"**侦测**"积木放入"**循环**"积木，循环积木会自动拉长。然后点击白色的三角形，从下拉菜单中选择"鼠标指针"。

3. 用我们上一页做好的脚本。单击循环中的第一个积木，然后将这块积木以及它下面的所有积木块拖动到新的循环中。

4. 使用"**外观**"菜单中的"**说**"积木块表示结束。

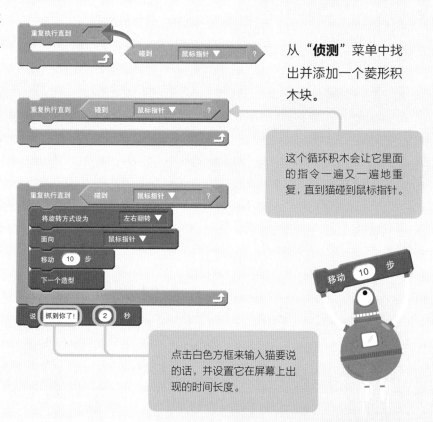

从"**侦测**"菜单中找出并添加一个菱形积木块。

这个循环积木会让它里面的指令一遍又一遍地重复，直到猫碰到鼠标指针。

点击白色方框来输入猫要说的话，并设置它在屏幕上出现的时间长度。

测试脚本

5. 单击鼠标运行脚本并移动鼠标指针。猫应该跟着你的鼠标指针，直到它抓住你。可以多尝试几次。如果猫撞到**舞台**边缘，它就会闪烁。但你可以在循环脚本最开始的地方插入"**运动**"菜单中的"**反弹**"来解决这个问题……

条件语句

"如果……那么……"和"重复执行直到"这样的指令，能够让程序对不同的条件做出不同的反应，所以它们被称为条件指令。例如在这个游戏中，条件是猫所在的位置。

如果你的代码能够正常运行，就夸奖一下自己吧。

6. 你还可以在脚本积木开始处添加"**事件**"菜单中的"**绿旗**"积木，这样运行程序就方便多了。

现在你可以通过单击**舞台**上方的**绿旗**按钮来运行脚本，或者点击**红色圆形**按钮停止。

注意这些积木的形状，它们只能以特定的方式组合在一起……

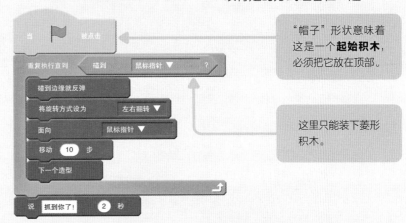

"帽子"形状意味着这是一个**起始积木**，必须把它放在顶部。

这里只能装下菱形积木。

语法

你编写代码的结构叫作语法。如果语法有错误，计算机就会被搞糊涂。幸运的是，在用 Scratch 编写代码的过程中不会出现语法错误。因为只有语法正确，这些积木块才能被组合在一起。

所以我总是对的!

7. 为了让游戏更公平，你可以让猫每次都从**舞台**中央出发。添加一个"**运动**"菜单中的"**移到 x y**"的积木。

这样你就可以用坐标设置角色的位置了。

如果你想让猫从舞台中央的位置出发，就在两个白色方框里输入"0"。

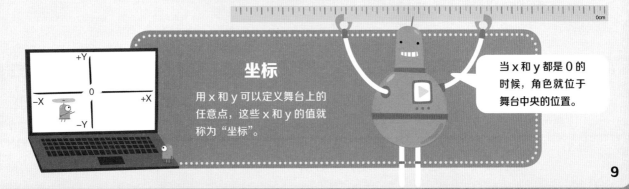

坐标

用 x 和 y 可以定义舞台上的任意点，这些 x 和 y 的值就称为"坐标"。

当 x 和 y 都是 0 的时候，角色就位于舞台中央的位置。

计分

下面我们可以对这个游戏进行优化，增加计分的功能，并添加一只卡通老鼠作为另一个角色。

重要的变量

当玩家玩这个游戏时，就可以进行计分了。为了让计算机能够追踪并统计分数，你需要给这部分信息起一个名字。在编码中，这被称为**创建一个变量**。

变量

变量就像一个被命名了的存储盒，你可以随意更改其中的内容，但是仍然可以用相同的名称引用它。你可以选择你喜欢的名字，例如，"**得分**""**高分**""**弗雷德**"。

创建变量

1. 打开"**变量**"菜单，点击"建立一个变量"，在弹出的方框中填入新变量的名称"分数"，你可以选择"适用于所有角色"。然后点击"确定"。

你会得到一组新的"分数"积木。将顶部的方框选中，使变量显示在**舞台**（屏幕上显示代码运行效果的部分）上。

你给计算机添加的任何信息都要贴上标签，以免你找不到它。

在这里输入新**变量**的名称。

无论你输入什么，都会出现在新的积木上。

2. 在最开始处插入一个"**将分数设为……**"的积木。把它拖到正确的位置，当你松开鼠标的时候，它会与其他积木自动合在一起。

在循环中插入一个"**将分数增加……**"的积木，每次玩家成功躲开猫时，就能获得一分。

现在试试玩这个游戏。你可以在**舞台**的角落里看到一个计分台，分数一直在增加，直到被抓住为止。

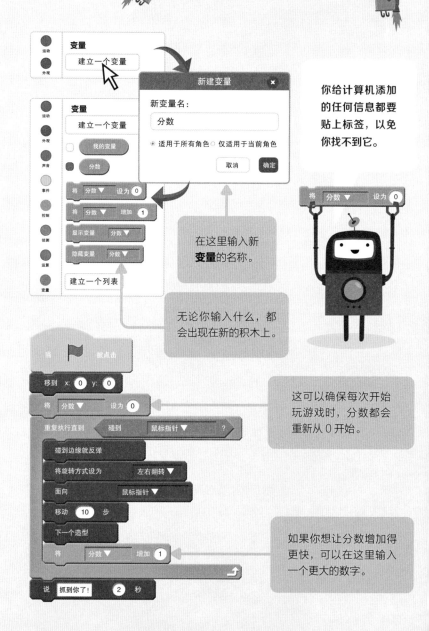

这可以确保每次开始玩游戏时，分数都会重新从 0 开始。

如果你想让分数增加得更快，可以在这里输入一个更大的数字。

添加另一个角色

现在让我们添加一个卡通老鼠角色，让猫追逐这只老鼠。

1. 在**角色区**的底部找到一个猫的小图标。单击它打开**角色库**。上下翻页找到"老鼠1"。

2. 点击"老鼠1"。它会和猫一起出现在**舞台上**。
同时也会出现在**角色区**。（这时候它的脚本区是空的，因为你还没有为"老鼠1"编写脚本。）

3. 创建一个新的脚本来控制"老鼠1"。使用一个"**移到 x y**"积木，使"老鼠1"每次都从相同的位置出发。
使用"**重复执行直到**"循环积木。用"**侦测**"菜单中的"**碰到**"积木，使"老鼠1"一直移动，直到它被抓住。

4. 选定"猫"这个角色，并将它脚本中的"鼠标指针"改为"老鼠1"。注意：要修改两个地方。猫现在将追逐新添加的"老鼠1"角色，而"老鼠1"跟随鼠标指针移动。

5. 点击**绿旗**启动游戏。这将同时启动所有脚本。玩几次这个游戏，看看你能得到多高的分数。

不要忘记你还可以去少年创客学院素材库查看完整的脚本哟。

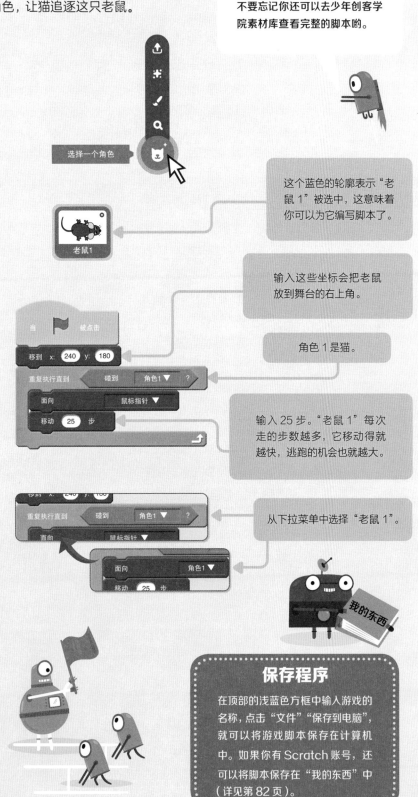

选择一个角色

老鼠1

这个蓝色的轮廓表示"老鼠1"被选中，这意味着你可以为它编写脚本了。

输入这些坐标会把老鼠放到舞台的右上角。

当 ▶ 被点击
移到 x: 240 y: 180
重复执行直到 〈 碰到 角色1 ▼ ？ 〉
　面向 鼠标指针 ▼
　移动 25 步

角色1是猫。

输入 25 步。"老鼠1"每次走的步数越多，它移动得就越快，逃跑的机会也就越大。

移到 x: 240 y: 180
重复执行直到 〈 碰到 角色1 ▼ ？ 〉
　面向 鼠标指针 ▼
　面向 角色1 ▼
　移动 25 步

从下拉菜单中选择"老鼠1"。

我的东西

保存程序

在顶部的浅蓝色方框中输入游戏的名称，点击"文件""保存到电脑"，就可以将游戏脚本保存在计算机中。如果你有 Scratch 账号，还可以将脚本保存在"我的东西"中（详见第82页）。

11

跳舞的小恐龙

使用不同**造型**让角色动起来，并为它的动作配上音乐。

同一角色的不同形象版本被称为**造型**。你可以通过单击**造型**选项卡在"积木菜单"上方查看角色所有可用的造型。

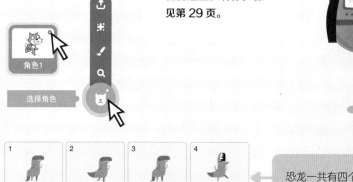

大多数角色都有多个造型。你也可以创建新的造型，制作步骤见第29页。

让恐龙动起来

1. 在屏幕顶部的蓝色横栏中点击"文件—新作品"按钮，新建一个作品。点击角色区中角色卡上的小"x"，删除角色猫并清空舞台。

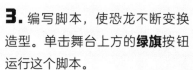

2. 点击**角色区**底部的**角色按钮**，弹出**角色库**，点击选择一个角色，这里我们选择"恐龙 d"的造型。

1	2	3	4
dinosaur4–a 120 x 146	dinosaur4–b 150 x 145	dinosaur4–c 120 x 146	dinosaur4–d 120 x 1481

恐龙一共有四个造型。

3. 编写脚本，使恐龙不断变换造型。单击舞台上方的**绿旗**按钮运行这个脚本。

恐龙开始移动，但如果它碰到边缘就反弹，就会翻转。为了保证它不会上下颠倒，你需要设置**旋转方式**……

在这里插入一个停顿的积木，这样就能看到每个造型了，否则造型切换得太快，就无法看清楚了。

动画

所有的动画都是由静态图片拼接在一起而形成的。图片之间的变化越平缓，效果就越流畅。

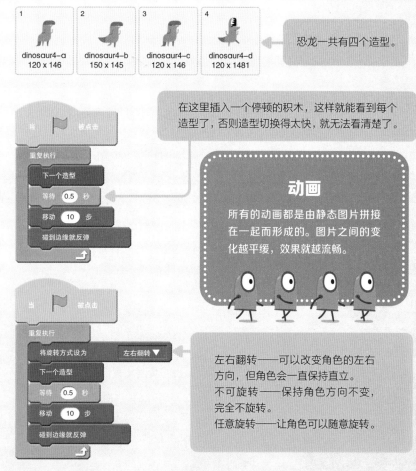

4. 在循环的开始插入"**运动**"菜单中的"**将旋转方式设为……**"积木。从下拉菜单中先选择一个选项试一下。再把每个选项都试一试，看看会发生什么。

左右翻转——可以改变角色的左右方向，但角色会一直保持直立。
不可旋转——保持角色方向不变，完全不旋转。
任意旋转——让角色可以随意旋转。

添加背景音乐

还可以为跳舞的恐龙添加背景音乐。

1. 单击**声音**选项，然后单击页面底部的扬声器小图标，打开**声音库**。

选择一个声音

声音库

浏览声音库最简单的做法是从"分类表"中选择一种"类型"的声音。
"可循环"类别中的音乐适合连续播放。

2. 点击**可循环**分类，并选择一种音效。点击选择它，它就会出现在声音列表中，并成为一些"**声音**"积木下拉菜单中的一个选项。你可以选择自己喜欢的声音。

Hip Hop

你可以把鼠标悬停在一个曲调上来测试它。

所有
循环
特效
标记
动物

3. 返回到**代码**选项卡并创建另一段脚本，如下所示。

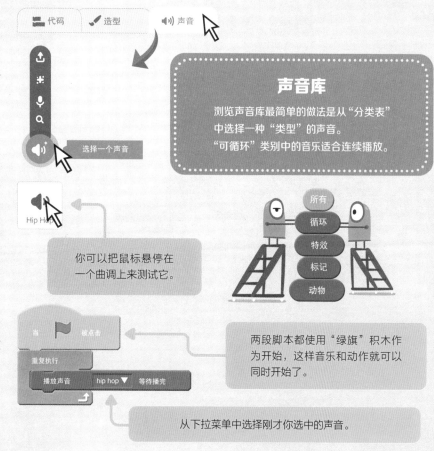

当 🏳 被点击
重复执行
播放声音 hip hop ▼ 等待播完

两段脚本都使用"绿旗"积木作为开始，这样音乐和动作就可以同时开始了。

从下拉菜单中选择刚才你选中的声音。

设置背景

最后，再设置一个背景，这个动画就完成了。

1. 在**角色区**的右下角找到一个图片的图标，点击它，打开**背景库**。下翻页面，选择一个你喜欢的背景。

选择一个背景

我喜欢华丽的舞台！

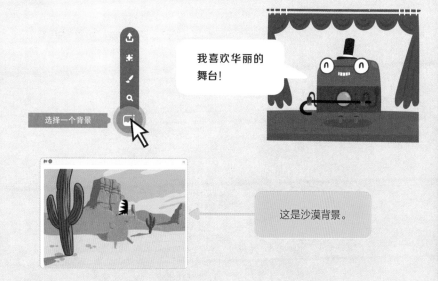

2. 点击背景，让它出现在舞台上。然后点击**绿旗**按钮，这样小恐龙就可以在漂亮的背景中唱歌跳舞啦！

这是沙漠背景。

音乐派对

在这一部分，你可以使用音乐积木来组建一支乐队，
然后指挥乐队演奏一段乐曲。

设定节拍

1. 启动 Scratch，选择"新作品"，点击角色区顶部的**隐藏符号**按钮来隐藏小猫。

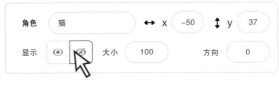

角色	猫	↔ x	−50	↕ y	37
显示	◉ ⦸	大小	100	方向	0

2. "音乐"积木在**扩展**中。单击积木菜单底部的**添加扩展**按钮，打开**扩展**。

音乐
演奏乐器和鼓。

自制积木

音乐

3. 选择**音乐**，在积木菜单中将会出现一个新增的"**音乐**"菜单。

乐曲长度是用节拍数来表示的。

4. 点击"**音乐**"菜单，拖出一个"**击打**"积木，选择鼓的种类和演奏的节拍。

击打　　(1) 小军鼓 ▼　　　0.25　拍

这个下拉菜单中包含了不同种类的鼓。

使用"**击打**"积木为你的乐队设置一个背景节拍。

5. 按顺序建立一个如右图所示的脚本。然后添加"**控制**"菜单中的"**重复执行**"和"**事件**"菜单中的"**绿旗**"积木。单击绿旗，程序就会一直运行了。

当 🚩 被点击

重复执行

　击打　　(1) 小军鼓 ▼　　　0.5　拍

　击打　　(6) 闭击踩镲 ▼　　　0.5　拍

　击打　　(2) 低音鼓 ▼　　　0.5　拍

　击打　　(6) 闭击踩镲 ▼　　　0.5　拍

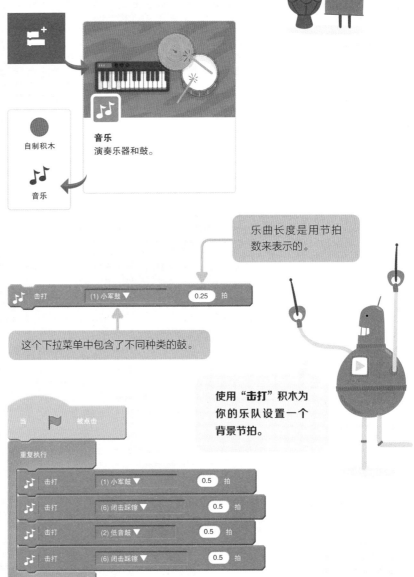

添加乐器

你可以添加更多的角色来演奏更多的乐器。

1. 选择一个新的角色作为演奏家。

在你开始编写脚本之前，先确保角色被选中。

2. 给它添加一个"**设置乐器**"积木，并从下拉菜单中选择一个乐器。

将乐器设为 (10) 单簧管 ▼

这里有电钢琴、吉他、萨克斯管等21种乐器或音效可以尝试。

3. 乐器需要与"**演奏音符**"积木组合才能发出声音。"**演奏音符**"积木控制着用哪个音符播放音乐以及播放多长时间。

演奏音符 60 0.25 拍

数字越高，音调越高。

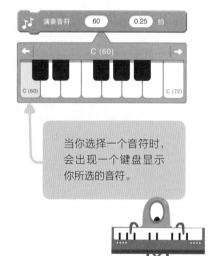

当你选择一个音符时，会出现一个键盘显示你所选的音符。

4. 添加一个"**当角色被点击**"积木。点击舞台上的角色时，乐器才会开始演奏。

要创建和播放一个曲调，需要添加更多的"**演奏音符**"积木来组成一个乐谱。

现在可以试着添加更多角色，让乐队变得更丰富……

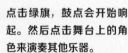

点击绿旗，鼓点会开始响起。然后点击舞台上的角色来演奏其他乐器。

如果你想要一遍又一遍不停地播放，需要在"音符"积木外围放置"控制"菜单中的"重复执行"积木。

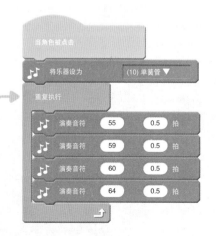

更多的声音

你可以添加更多不同的音效，以及为乐队
录制你自己的声音。

使用音效

1. 创建一个新的角色。然后选
择**脚本区**顶部的**声音**选项卡。

2. 单击**扬声器**按钮调出**声
音库**。

3. 选择一个声音，然后将鼠
标悬停在它上面听音效。继续
浏览，直到你找到一个喜欢的
声音，然后点击选择它。

4. 要在单击角色时播放声音，
请回到**代码**选项卡。然后使用
"声音"菜单中的"**播放声音**"
积木创建这个脚本。

你选择的声音现在将出现
在下拉菜单中。

录制自己的声音

1. 选择**声音**选项卡，将鼠标移
到并悬停在扬声器按钮上，会
弹出一组新的按钮。

2. 单击**麦克风**，将出现一个
录制按钮。单击**录制**按钮来录
制你想要的声音。完成后单击
停止录制按钮。

你需要一台有麦克风的
电脑来录音。

3. 现在当你使用"**播放声音**"
积木时，你的录音会出现在下
拉菜单中。

演奏速度

音乐的快与慢叫作演奏速度。你可以将音乐设置得更快或者更慢，你甚至可以在乐队演奏时改变它。

设置演奏速度

要为特定的角色设定演奏速度，转到"**音乐**"菜单，将这个积木添加到角色脚本的开头。

> 演奏速度的单位是bpm（beatper minute），代表"每分钟的节拍"。数字越大，拍子越多，演奏速度越快。

创建速度控制器

1. 创建两个箭头角色作为控制器，一个用来加快演奏速度，另一个用来放慢演奏速度，并调整它们在舞台上的位置。点击箭头角色（Arrow），然后在**角色区**中点击"方向"，使用转轮使其指向上或者指向下。对两个箭头执行一样的操作。

> 你可以通过移动在转轴上的指针或更改数字来旋转箭头。0°向上，180°向下。

2. 再次打开**声音库**，点击"pop"。然后在**脚本区**选择"加快速度"的角色，并为它创建脚本。

> 加上音效后，你就能知道是否点击了加速键。

> 这让演奏速度增加 10。

3. 在**脚本区**选择"放慢速度"的角色，并为它创建脚本。

> 这让演奏速度下降 10。

> 一起来听音乐吧！

4. 试着在乐队演奏时点击上下箭头控制器。你喜欢这个声音吗？如果不喜欢，那么继续花点时间调整一下代码吧。

> 你还可以添加其他积木，创作自己的乐曲。

调皮的精灵

创建一个调皮的精灵，忽隐忽现，偷偷接近那些不小心的人。

创建一个小精灵角色

1. 启动 Scratch，选择"新作品"，将鼠标悬停在猫身上，右击鼠标，从舞台区域删除它。打开**角色库**并选择一个古怪的角色，或者去少年创客学院素材库寻找一个角色。

在少年创客学院素材库中，可以找到这个小游戏的角色和形象。

2. 选取"**事件**"菜单中的"**绿旗**"积木。然后，添加"**运动**"菜单中的"**移到 x y**"积木。将 x 和 y 设置为 0。接下来还要给它加上一些特效。

这将角色的初始位置设置在舞台中央。

加上特效

3. 转到"**外观**"菜单，选择"**将……特效设定为**"积木并将其添加到刚才的脚本下面。从下拉菜单中选择"虚像"。这可以使角色看起来模糊和虚化。

数字越大，效果越强，达到 100 就完全看不见角色了。

4. 在"**控制**"菜单中找到"**重复执行……次**"积木，并在里面再添加一个"**将……特效增加**"积木。再次从下拉菜单中选择"虚像"。将循环添加到刚才的脚本的末尾。

负数会减弱效果，所以角色会慢慢变得更实体化。

特效

Scratch 有几种不同的效果供你选择。这里展示其中一些效果……

旋涡让角色出现扭曲的效果。

马赛克创建许多小副本。

鱼眼使一个角色身体中间膨胀起来。

5. 现在想要加上声音效果。请进入**声音**选项卡，点击**扬声器**按钮，选择一个声音，然后点击"确定"。然后添加"**声音**"菜单中的"**播放声音**"积木。

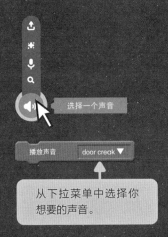

选择一个声音

播放声音 door creak ▼

从下拉菜单中选择你想要的声音。

我们选择了"door creak"（门吱嘎声）的音效，但还有很多其他奇怪的音效可以尝试……
scream1 尖叫 1
scream2 尖叫 2
screech 发出尖锐的声音
crazy laugh 疯狂的笑
wolf howl 狼的嗥叫

呃呃呃……

6. 你也可以添加"**外观**"菜单中的"**思考**"积木或者"**说**"积木，来添加一些对话。

到目前为止，代码块应该是这样的……

运行脚本，调整任何你觉得不满意的地方。

说 忽隐忽现的精灵出没，小心被吓一跳！ 3 秒

当 🚩 被点击

移到 x: 0 y: 0

将 虚像 ▼ 特效设定为 50

重复执行 15 次
　将 虚像 ▼ 特效增加 -5

播放声音 door creak ▼

说 忽隐忽现的精灵出没，小心被吓一跳！ 3 秒

你还可以设置一个令人毛骨悚然的背景。（参见第 13 页，了解如何操作。）

动起来

7. 要使精灵平滑移动，找到"**运动**"菜单中的"**滑行**"积木，并添加到脚本底部。

在 1.5 秒内滑行到 x: 50 y: -85

这些是角色停止位置的坐标。

这是滑行需要的时间。数字越大，滑行的速度越慢。

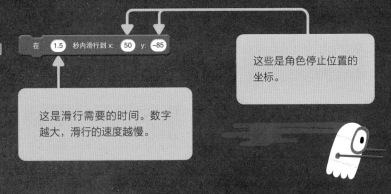

8. 为了让角色看起来像是在不断靠近，在脚本的底部添加"**外观**"菜单中的"**将大小增加**"积木。

将大小增加 100

这个数字越大，角色就会变得越大（填入负数会使角色缩小）。当角色变大时，它看起来更近了。

呀！

19

9. 你可以在"**将大小增加**"积木下面添加更多的"**思考**"积木或者"**说**"积木，为这个故事添加更多内容。

将大小增加 100
说 哇！！！ 3 秒

捉迷藏

10. 要使角色消失，添加"**外观**"菜单中的"**隐藏**"积木。然后添加"**控制**"菜单中的"**等待**"积木，使脚本先暂停一小段时间。

隐藏
等待 4 秒

等着它……

动画看起来好像已经结束了，但其实有一个惊喜在等着你……

惊喜！

11. 添加"**运动**"菜单中的"**移动**"积木，让精灵移动到一个新的位置。然后，转到"**外观**"菜单，添加"**显示**"积木来显示它，添加"**将大小增加**"积木使精灵突然变大。

这些坐标将把角色放置在舞台中央，靠近底部的地方。

移到 x: 0 y: -150
显示
将大小增加 300

数字越大，效果越显著。

12. 你也可以使用"**播放声音**"来播放一个吓人一跳的声音效果，然后用"**说**"积木让角色说一些话，比如"哇"的一声！最后用"**等待**"积木制作暂停的效果。

播放声音 scream2 ▼
说 哇！！！ 2 秒
等待 2 秒

你需要先从声音库中选择新的声音。

13. 最后你可以通过使用另一个"**隐藏**"积木，让角色消失，或者添加更多的对话。

说 你真的一点儿也没有被吓到吗？ 2 秒
等待 2 秒
说 真是条硬汉！ 2 秒

哇！！！

测试

14. 点击**绿旗**按钮来运行脚本。多试几次。

如果你多运行几次，就会发现动画开始时角色的大小是错误的。要解决这个问题，你需要在开始处插入"**外观**"菜单中的"**将大小设为**"积木。

将此设置为 100%，以确保角色在开始时保持正常大小。

在 Scratch 中，如果你想让你的动画或游戏每次都以相同的方式开始，你需要在脚本的开头编写代码，来取消掉你在结束前给出的所有指令。

完整代码

这是完整的代码，对照这个脚本，看看自己做的脚本是否完整。你可以对照少年创客学院素材库中相应游戏的完整脚本。

整个动画就是这一大段脚本。

喔……

哇！！！

下一次你就吓不到我了！

21

绘画大师

在这里，你将能学到如何把角色变成一支笔，并使用循环让它画出不同的形状。

1. "**画笔**"积木菜单在**扩展**中。单击积木菜单底部的**扩展**按钮，然后选择"**画笔**"，就可以看到"**画笔**"菜单了。

画笔
绘制你自己的角色。

变量

自制积木

画笔

2. 要使用鼠标绘图，请新建一个作品并将右边的积木按顺序拼在一起。

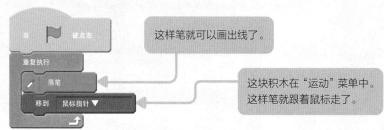

这样笔就可以画出线了。

这块积木在"运动"菜单中。这样笔就跟着鼠标走了。

当 🚩 被点击

重复执行

落笔

移到 鼠标指针 ▼

3. 然后点击**绿旗**按钮，并在舞台上移动你的鼠标。

角色就像你的笔，在舞台上留下痕迹。

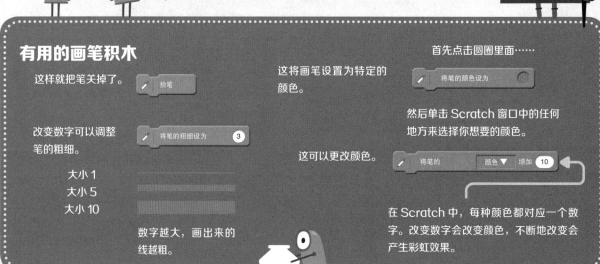

有用的画笔积木

这样就把笔关掉了。

抬笔

改变数字可以调整笔的粗细。

将笔的粗细设为 3

大小1

大小5

大小10

数字越大，画出来的线越粗。

这将画笔设置为特定的颜色。

首先点击圆圈里面……

将笔的颜色设为 ⚪

然后单击 Scratch 窗口中的任何地方来选择你想要的颜色。

这可以更改颜色。

将笔的 颜色 ▼ 增加 10

在 Scratch 中，每种颜色都对应一个数字。改变数字会改变颜色，不断地改变会产生彩虹效果。

制作形状

你也可以利用画笔画一些几何形状。

1. 删除前一页的脚本，清除舞台和角色，用右边的积木制作一段新的脚本。

当 🏳 被点击
隐藏
移到 x: ⓪ y: ⓪
面向 90 方向
全部擦除

> 隐藏角色，这样你只会看到画出的轨迹了。

> 从舞台中央开始，面向右边。（90°是面向右边，见第41页）。

> 在"画笔"扩展中。可以用来清理旧的绘图。

2. 你可以用这些积木画出许多不同种类的形状。添加一个**"等待"**积木使角色在绘制每条线之后暂停，这样你就可以看清楚发生了什么。

重复执行 4 次
　落笔
　移动 50 步
　右转 ↻ 90 度
　等待 1 秒

> 重复几次，就画几条边。

> 步数决定了形状的大小。

把**"重复执行"**设为 4 次、**"右转"**设为 90°就可以得到一个正方形。

> 旋转度数决定了图形角的大小。

你可以通过改变循环中的数字画出不同的形状。

> 重复3次，每次转120°，可以得到一个三角形。

> 重复6次，每次转60°，可以得到一个六边形。

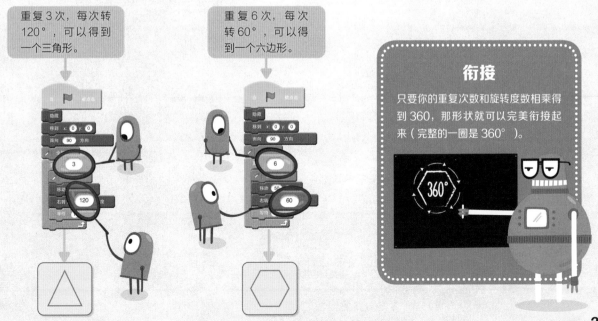

衔接

只要你的重复次数和旋转度数相乘得到 360，那形状就可以完美衔接起来（完整的一圈是 360°）。

形状图案

想要一次又一次地绘制图形，使它们拼成一个图案，你可以删除**"等待"**积木并添加一个附加的循环，就像这样。

点击绿旗按钮时，你会看到这个……

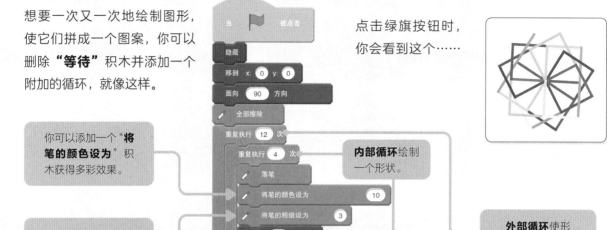

你可以添加一个**"将笔的颜色设为"**积木获得多彩效果。

内部循环绘制一个形状。

使用**"将笔的粗细设为"**积木可以更改线条粗细。

外部循环使形状重复。

改变重复次数和旋转度数可以创造出各种不同的图案。
尝试一下，看看你能得到什么图案。

如果外部循环重复次数和旋转度数相乘等于360，将会得到一圈完整的图案。(360°是一个圆。)

1. 外循环：重复 10 次，转 36°
内循环：重复 3 次，转 120°

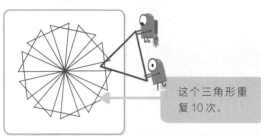

这个三角形重复 10 次。

2. 外循环：重复 45 次，转 8°
内循环：重复 3 次，转 120°

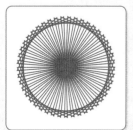

3. 外循环：重复 12 次，转 30°
内循环：重复 10 次，转 36°

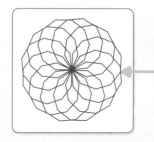

把**"将笔的颜色增加"**积木替换为**"将笔的颜色设为"**积木就变为用单一颜色来绘画。

形状滑块

你可以使用变量来创建滑块控件，能更快更方便地更改形状。

1. 转到"**变量**"菜单，选择"建立一个变量"，选择"适用于所有角色"。创建两个新变量："**形状**"和"**边数**"。勾选新变量旁边的方框，使它们出现在舞台上。

2. 用"**形状**"变量替换外部重复循环中的值，用"**边数**"变量替换内部重复循环中的值。拖拽变量放在积木中。

3. 在"**旋转**"积木中，将旋转的角度值替换为"**运算**"菜单中的"**除**"积木（详见第36页）。在编码中，"/"代表除号（÷）。
将内部的旋转度数设为360°/**边数**；将外部的旋转度数设为360°/**形状**。

4. 现在把这些变量变成滑块。在**舞台**上，右键点击"**形状**"并选择"滑块"。再次右击以"改变滑块范围"。这能够确保每次都能画出一个完整的图形。对"**边数**"也做同样的处理。
现在点击绿旗按钮启动后，你可以通过移动滑块来改变图案，而不需要更改代码了。

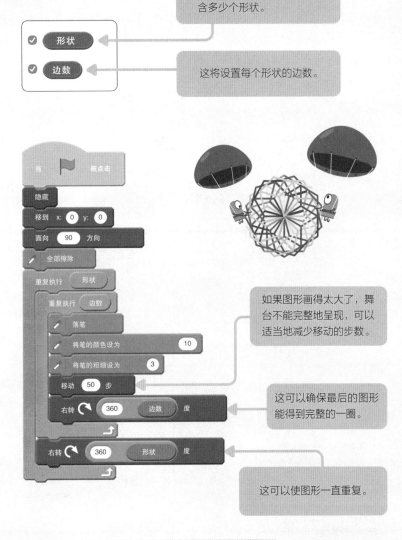

这将决定在一个图案中包含多少个形状。

这将设置每个形状的边数。

如果图形画得太大了，舞台不能完整地呈现，可以适当地减少移动的步数。

这可以确保最后的图形能得到完整的一圈。

这可以使图形一直重复。

你可以设置滑块的数值，形状的范围是1—100，边数的范围是3—20（因为少于3条边就不能组成一个图形了）。

在很久很久以前……

在这一章中，我们将学习如何使用 Scratch 编写动画故事，包括背景、对话和意想不到的情节转折。

选择角色

1. 启动 Scratch，选择"新作品"，删除舞台上的小猫。然后单击**角色**按钮打开**角色库**。单击选择两个角色。它们就会出现在舞台上。

Pico

Giga

Gobo

你可以使用任意两个角色，在这里我们选择 Pico 和 Giga。

啊，我也想要成为故事里的角色。

添加故事场景

2. 找到**角色区**底部的**背景**按钮。点击它打开**背景库**。

选择一个背景

3. 滚动页面，直到你找到一个你喜欢的背景，然后点击选择它。这就是故事发生的地方。在背景上拖动角色，放到你喜欢的位置。

| School | Slopes | Soccer |
| Stripes | Theatre | Theatre 2 |

找不到你喜欢的背景吗？翻到第 31 页，可以找到使用照片作为背景的方法；或者翻到第 54 页，找到自己绘制背景图片的方法。

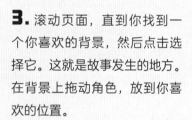

广播消息

为了让故事中的人物进行互动,你需要"**广播**"积木,可以在"**事件**"菜单中找到它。

4. 首先要让 Pico(或者你选择的其他角色)说话。先放置一个"**绿旗**"积木,然后添加"**外观**"菜单中的"**说**"积木,并将它要说的话输入白框。

设置时间长度,这样观众就有时间阅读了。

5. 转到"**事件**"菜单,并添加"**广播**"积木。单击积木上的框并选择"新消息",然后在弹出的窗口中输入新消息的名称。

我们把这个消息叫作"Giga 1",因为这是给 Giga 的第一个消息。

接收消息

6. 选择另外那个角色并给它放置一个"**当接收到**"积木。添加一个"**说**"积木并输入回复,如右图所示。

从下拉菜单中选择角色正在等待的消息。

测试脚本

7. 单击绿旗按钮,测试脚本。你将会看到 Pico 说话,然后 Giga 回复。

Pico 你好!

Giga 你好!

Pico

Giga

广播和接收

在 Scratch 中,"**广播**"积木用于将消息从一个脚本发送到另一个脚本。"**当接收到**"积木侦测特定的消息。如果接收到对应的消息,就会触发一个新脚本。

消息机制

大多数计算机语言都有在程序的不同部分之间发送消息的方法,这就是所谓的消息机制。

一段长长的对话

8. 你可以通过设置角色之间不停来回广播，来创造一个完整的对话。给每个广播起一个独特的名字，这样角色就不会混淆了。

Giga 的第一个脚本

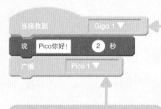

> 每次创建一个广播时，它都会被添加到这里的下拉列表中。

> 消息"Pico 1"指的是向 Pico 广播的第一个消息。

我们去个好玩的地方吧。

Pico

Pico 的第二个脚本

> 这是发送给 Giga 的第二个消息。

规划

在设置对话之前，你可以把它像这样先写下来……
P：Giga 你好！
G：Pico 你好！
P：我们去个好玩的地方吧。
G：我有个好主意。

这个功能特别实用，因为脚本区每次只能显示一个角色的脚本。

复制代码

如果你需要一次又一次地使用相同的代码块，那你可以右键单击一组积木并复制它。

Giga 的第二个脚本

> 这次广播将引发一个意外……你可以在下面找到答案。

我有一个好主意！

Giga

改变场景

9. 要更改背景，请单击**角色区**底部的**背景**按钮。选择一个新的背景。(我们使用的是"moon"月球。)

选择一个背景

这就像一出戏里的场景变换。

现在你要告诉程序脚本在什么
时候更换背景……

10. 现在要为舞台写一个脚
本。单击**角色区**右侧的**舞台**。

11. 使用"**当接收到**"积木
作为一段新的脚本的开头，并
在下拉菜单中选择"去月球"
（ Giga 的最后一次广播的内
容）。添加一个"**换成……背景**"
积木（来自"**外观**"菜单）并
选择"moon"。

创建反应

为了让角色对变化做出反应，你可以创建
一个由背景切换所触发的新脚本。

12. 选择 Pico，使用"**当背
景换成**"开始一段新的脚本。

13. 添加一个"**等待**"积木，
这样你就不会觉得动画节奏太
快了。然后，添加"**外观**"菜
单中的"**换成……造型**"积木，
使 Pico 看起来很惊讶。

舞台
Backdrops
2

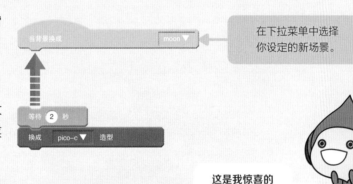

当接收到 去月球 ▼
换成背景 moon ▼

你添加的任何背景都
将出现在下拉菜单中。

添加脚本

你可以将脚本添加到**舞台**或
正在使用的**角色**。（你不能
把脚本添加到背景上。）

当背景换成 moon ▼

在下拉菜单中选择
你设定的新场景。

等待 2 秒
换成 pico-c ▼ 造型

这是我惊喜的
表情。

创建造型

如果找不到想要的造型，你可以使用绘画工具创建
一个新的造型（请翻到第 32 页，查看具体内容）。

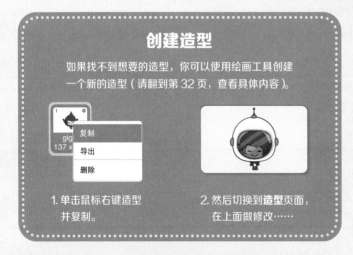

复制
导出
删除

1. 单击鼠标右键造型
　并复制。

2. 然后切换到**造型**页面，
　在上面做修改……

添加细节很容易，比如扬起的
眉毛，这是生气的表情。

我有一只眼睛和
两条眉毛。请你
好好处理它们。

29

制作结尾

14. 你可以添加更多的对话和造型，让你的故事更精彩。在输入要说的话后，添加另一个"**广播**"积木来让另外一个角色响应。

Pico 的第三个脚本

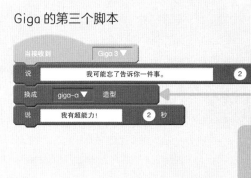

多亏了几个代码块，我们可以出现在任何地方！

Giga 超人

Giga 的第三个脚本

这个造型展示了 Giga 淘气的笑容。

调试

单击绿旗按钮，再次运行脚本。当第二次运行时，你会发现第二次开始运行时角色的造型和背景是错误的。

15. 你可以通过为每个角色和舞台添加一个额外的脚本来解决这个问题，就像这样……

给 Pico 添加这个脚本：

给 Giga 添加这个脚本：

给舞台添加这个脚本：

调试

修复代码中的漏洞（也叫 bug）被称为调试。几乎没有人第一次就能把所有事情做得毫无差错，所以调试是一项需要认真学习的重要技能。

没有人是完美的。

更多的想法

你可以使用在本书前面学到的一些编程知识为故事添加更多的元素。

你可以……

终于到我啦！

添加背景音乐。（见第 13 页）

添加另一个角色。

让你的角色变大、变小或消失。（见第 19 页）

下载背景

你还可以上传自己喜欢的照片来当作故事的背景图片。但要注意的是，图片的格式必须是".jpg"或".png"，文件大小不超过 10MB。

1. 将鼠标悬停在背景的图标上，选择最上面的"上传背景"图标，点击它。

上传背景

2. 找到你要使用的图片，点击选择，就能看到新背景出现在"背景"选项卡中了。

mountains
480x315

文件的类型和大小

点后面的字母表明了文件的类型。".jpg"和".png"都是图片文件格式。

衡量文件大小的常用单位是 $1MB=1,048,576B$，文件越大，占计算机存储空间越大。

裁切图片

如果你想使用的图片的尺寸与舞台的尺寸不相符，就会留下白色的边界。你可以在上传之前对这样的图片进行裁剪。

咔嚓！

咔嚓！   咔嚓！

绘制角色

你还可以使用**绘画工具**绘制自己的角色。
下面我们来看一下如何绘制角色。

开始绘制

启动 Scratch，选择"新作品"，
删除舞台上的小猫。将鼠标悬
停在**角色**按钮上，然后选择**绘
制**选项，打开绘画工具（见下
面两个紫色方框）。
单击鼠标选择你想使用的工具，
在**脚本区**绘制角色。

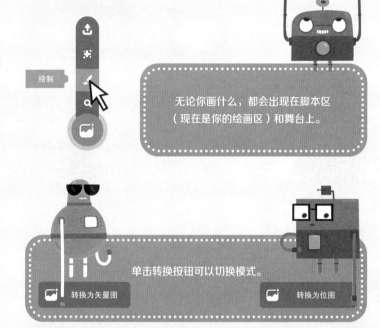

无论你画什么，都会出现在脚本区
（现在是你的绘画区）和舞台上。

改变模式

Scratch 软件有两种绘图模式：
位图模式适合徒手绘制。
矢量模式更容易创建平滑的线
条和规整的形状。

单击转换按钮可以切换模式。

转换为矢量图

转换为位图

位图工具

🖌	用鼠标画一条线
⬢	画一个圆形
T	写文本
◆	擦除
/	画一条直线
■	画一个矩形
🎨	用颜色填充一个区域
⬚	选择一个区域

矢量工具

▸	选择一个物体
🖌	用鼠标画一条线
🖿	用颜色填充一个区域
/	画一条直线
□	画一个矩形
⬚	使一个物体变形（通过拖动点）
◆	擦除
T	写文本
○	画一个圆形

更多的矢量工具

当你开始绘图时，会出现的
额外工具。

⬆ 往前放	往前放一个图层
⬆ 往后放	往后放一个图层
⬆ 放最前面	放到最前面
⬆ 放最后面	放到最后面
⬚ 组合	组合
⬚ 拆散	拆散

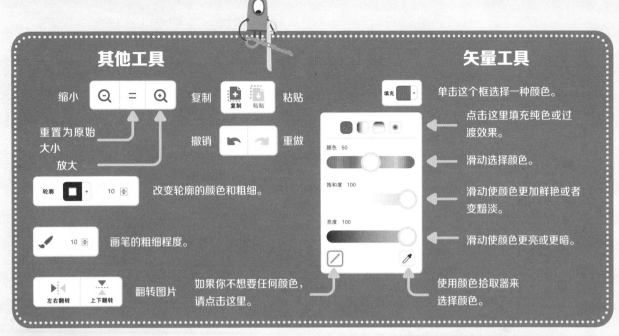

其他工具

缩小　重置为原始大小　放大

复制　粘贴

撤销　重做

轮廓　10　改变轮廓的颜色和粗细。

10　画笔的粗细程度。

左右翻转　上下翻转　翻转图片

如果你不想要任何颜色，请点击这里。

矢量工具

单击这个框选择一种颜色。

点击这里填充纯色或过渡效果。

颜色 50　滑动选择颜色。

饱和度 100　滑动使颜色更加鲜艳或者变黯淡。

亮度 100　滑动使颜色更亮或更暗。

使用颜色拾取器来选择颜色。

位图机器人

1. 点击**画笔**工具，使用较细的线绘制一个轮廓。点击**放大**可以查看细节。

2. 选择**填充**工具。选择一个颜色，填充形状。要确保刚刚画出的轮廓没有缝隙，否则颜色会"溢出来"！如果画错了，请单击撤销。

3. 要更改大小，请单击**选择**工具。点击这个按钮并拖动到画布中，将方框框在整个图片周围，然后拖动边角使其变大或变小。

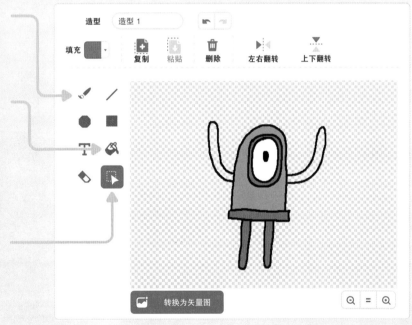

保存角色

你可以把你绘制的新角色保存在计算机上。如果你注册了 Scratch 账户，你也可以把它放在**书包**里，以后就可以在任何作品中使用这个角色啦。翻到第 80 页了解更多关于保存的信息。

矢量赛车

1. 单击**矩形**工具，并选择一种你喜欢的颜色。

2. 画一个大矩形，作为车身。在前面添加一个细小的矩形，在后面添加一个粗大的矩形，如右图所示。

3. 绘制黑色矩形作为赛车的前轮和后轮。点击**复制**工具，再单击车轮，这样就能做出两对一模一样的车轮。使用**选择**工具来调整它们的位置。

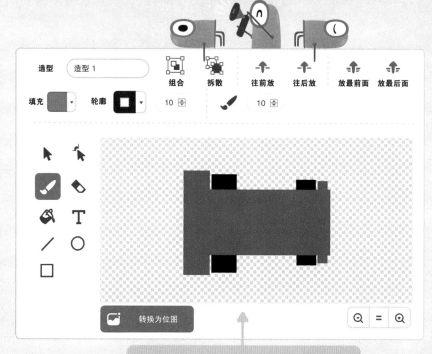

确保你画的车头朝向右边，因为 Scratch 软件认为右边是前方。

添加细节

1. 为赛车增加更多的配件，如驾驶舱和挡风玻璃等。使用**填充**工具填充其他颜色，将各部件区分开来。

2. 使用**椭圆**工具添加一个驾驶员。使用**图层**工具调整每个形状的前后顺序。

3. 最后，还可以在赛车尾部加一个排气管。

画完图画后，在角色上单击鼠标右键，选择"导出"，保存到本地，或把它放在你的**书包**里，这样你以后就可以使用了。

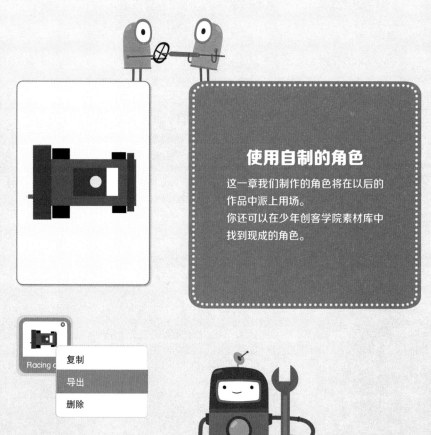

使用自制的角色

这一章我们制作的角色将在以后的作品中派上用场。
你还可以在少年创客学院素材库中找到现成的角色。

矢量怪物

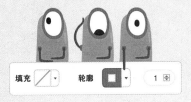

1. 使用**椭圆**工具，将填充颜色设置为"无"（图标是一根斜着的红线）。然后为怪物的轮廓选择一个颜色。

填充	▱ ▾	轮廓	■ ▾	1 ⬍

2. 先画一个大圆作为身体，再画一个小圆作为头部。再使用矩形和圆形添加腿。

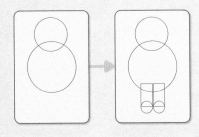

3. 选择**填充**工具，给所有形状填充颜色。添加一个白色的圆，再在上面添加一个黑色的小圆，作为怪物的一只眼睛。

4. 用一个绿色的矩形制作怪物的尖角。使用**变形**工具，将边缘拖动成如右图所示的棱角形状。使用**选择**按钮，选择刚刚画好的角，然后点击顶部的**复制**工具制作另一个角。单击顶部的**翻转**工具将其中一个角横向翻转。

5. 点击**选择**工具并把两个角拖动到适当的位置。最后，使用**画笔**工具添加嘴巴和手臂。

小心！

你可以在同一幅图中使用位图和矢量模式绘制，但将矢量图转换成位图会使线条变得凹凸不平。此外，一旦转换，即使你切换回矢量模式，也无法重塑图片。

数字猜猜猜

让 Scratch 程序随机设定一个秘密数字，看看你能多快猜出来。

在这个游戏中,你需要使用"**运算**"积木。运算符是用来"操作"变量或使用变量达到目的——尤其是进行数学计算。

在 Scratch 中, 运算符总是被插入其他积木中, 而不是单独使用。

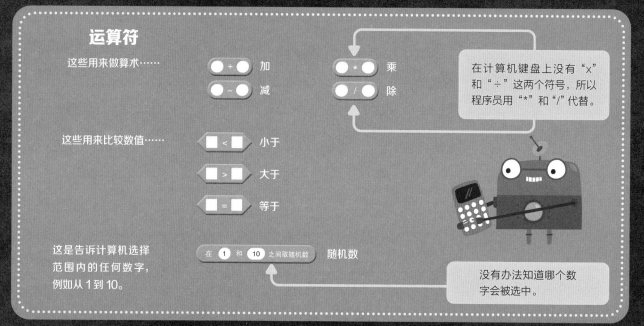

运算符

这些用来做算术……

- 加
- 减
- 乘
- 除

在计算机键盘上没有"×"和"÷"这两个符号,所以程序员用"*"和"/"代替。

这些用来比较数值……

- 小于
- 大于
- 等于

这是告诉计算机选择范围内的任何数字,例如从 1 到 10。

在 1 和 10 之间取随机数 随机数

没有办法知道哪个数字会被选中。

1. 启动 Scratch, 选择"新作品", 删除舞台上的猫。选择一个角色。然后进入"**变量**"菜单, 创建一个名为"秘密数字"的新变量。

新建变量

新变量名:

秘密数字

○ 适用于所有角色 ○ 仅适用于当前角色

取消　确定

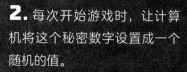

取消勾选此复选框,这样秘密数字就不会显示在舞台上。

2. 每次开始游戏时, 让计算机将这个秘密数字设置成一个随机的值。

将"运算"积木拖动到白色框上。(白色框会改变形状,让积木可以放在里面。)

规划你的代码

下一部分比较复杂，所以在你编写代码之前，最好先制订一个计划：你需要明确地知道程序在每种情况下需要做什么。

在这种情况下，意味着……

如果我猜对会发生什么呢？

如果我猜得太大了怎么办？

如果我猜得太小了怎么办？

你可以画出一个分解步骤的图表或流程图，就像这样……

规划

规划是所有程序员都会做的事情。在你开始之前，你规划得越详尽，你在编码过程中出错的可能性就会越低。

流程图

流程图总是以相同的方式绘制。每一步都放在一个单独的框中，并用箭头指示下一步。**开始**和**结束**使用椭圆形。普通步骤使用矩形。菱形表示要做出一个**决定**。

```
        开始
          ↓
   角色创建秘密数字
          ↓
 角色让玩家开始猜数字  ←──────────┐
          ↓                      │
    玩家开始猜数字                │
          ↓                      │
   ┌──────────────┐              │
   猜对了吗？  ─否→  猜得太大了？ ─是→ 角色说："再小一点儿！"
          │是              │否
          │                └→ 如果它不正确，也不是太大了，那它一定是太小了。让角色说："再大一点儿！"
          ↓
   角色说："答对了！"
          ↓
        结束
```

现在是时候把你的计划付诸行动了。

37

3. 从"**侦测**"菜单中选择一个"**询问……并等待**"积木。点击白色方框并输入你的问题。

这时点击积木，你就可以看到角色问你问题，而且下面会出现一个回答框。

无论你在对话框中输入什么，都会在舞台上出现。

4. 从"**运算**"菜单中选择一个"**等于**"积木。一边是"**侦测**"菜单中的"**回答**"积木，另一边是你的"**秘密数字**"变量。

"回答"只是另一个变量，它存储了你在游戏期间输入回答框里的内容。

当猜对答案时，将会发生什么事情呢？设定好之后，将相应的积木放到这里。

5. 将这个组合积木插入一个"**如果……那么**"积木中。现在你要决定如果答案正确会发生什么。

6. 如果猜的数字与秘密数字匹配，添加这两个方块，说"答对了！"并且结束游戏。"**停止……**"积木可以在"**控制**"菜单中找到。

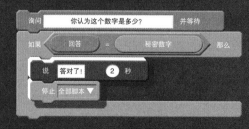

我明白了！

这是当你猜错的时候会出现的情况。

按照与前面相同的方式创建这个组合积木，但是使用来自**"运算"**菜单中的**"小于"**积木。

7. 如果猜错了，使用"**如果……那么**"积木来判断秘密数字是太大还是太小。

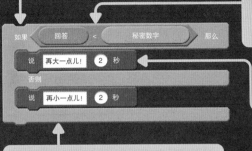

如果 〔 回答 < 秘密数字 〕 那么
说 〔再大一点儿!〕 〔2〕 秒
否则
说 〔再小一点儿!〕 〔2〕 秒

如果答案太小，角色会说："再大一点儿！"

如果答案不正确，但又不是太小了，那一定是太大了，所以角色应该说："再小一点儿！"

8. 添加一个"**重复执行……次**"积木，它决定你有多少次机会来猜测这个秘密数字。像这样将所有部分合并到一个脚本中，然后尝试一下。

当 ▶ 被点击
将 〔秘密数字 ▼〕 设为 在 〔1〕 和 〔10〕 之间取随机数
重复执行 〔5〕 次
询问 〔你认为这个数字是多少?〕 并等待
如果 〔 回答 = 秘密数字 〕 那么
说 〔答对了!〕 〔2〕 秒
停止 〔全部脚本 ▼〕

如果 〔 回答 < 秘密数字 〕 那么
说 〔再大一点儿!〕 〔2〕 秒
否则
说 〔再小一点儿!〕 〔2〕 秒

这个循环允许玩家猜5次。看看你能多快猜出来呢？

答对了!

别让球掉下来！

现在来制作一个用球拍接球的游戏，目标是让球尽可能地保持在空中不掉落，看看你可以让球在空中待多长时间。

1. 启动 Scratch，选择"新作品"，删除舞台上的猫。单击**角色**按钮，打开**角色库**并添加两个新的角色。

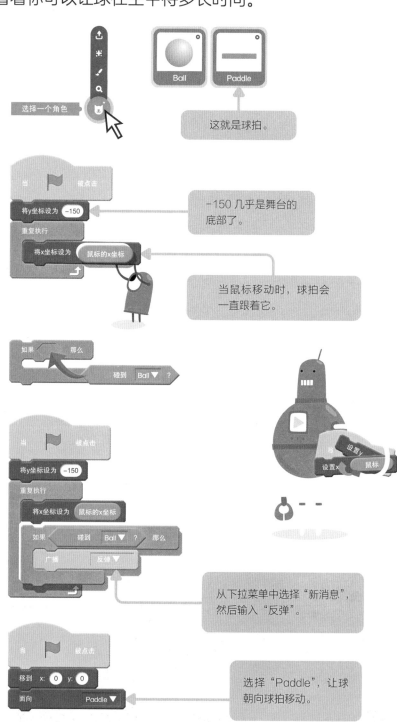

选择一个角色

Ball   Paddle

这就是球拍。

给球拍编码

2. 在**角色区**中选择球拍，并创建这个脚本来控制它的位置。将 y 坐标（高度）设置在较低的位置，使球拍在舞台上处于底部的位置。使用"**侦测**"菜单中的"**鼠标的 x 坐标**"作为球拍的 **x 坐标**（x 坐标决定了角色在水平方向上的位置），并设置它随鼠标的移动而变化。

当 ▶ 被点击

将y坐标设为 −150

重复执行

将x坐标设为 鼠标的x坐标

−150 几乎是舞台的底部了。

当鼠标移动时，球拍会一直跟着它。

3. 要使球拍能够接到球，需要使用"**如果……那么**"积木。设置**如果**条件为"**侦测**"菜单中的"**碰到……**"，从下拉菜单中选择"Ball"。

如果   那么

碰到 Ball ▼ ?

4. 如果球拍碰到球，需要触发一个反应。插入"**事件**"菜单中的"**广播**"积木，然后将这一整组积木块添加到"**重复执行**"积木中，就像图中这样。

当 ▶ 被点击

将y坐标设为 −150

重复执行

将x坐标设为 鼠标的x坐标

如果 碰到 Ball ▼ ? 那么

广播 反弹 ▼

从下拉菜单中选择"新消息"，然后输入"反弹"。

给球编码

5. 选择球角色，将它的起始位置设置在舞台中央，并面向球拍的方向。

当 ▶ 被点击

移到 x: 0 y: 0

面向 Paddle ▼

选择"Paddle"，让球朝向球拍移动。

6. 增加一个"**重复执行直到……**"积木，让球一直保持移动，直到玩家没能接住它。当接球失败的时候，球的 **y 坐标**将小于 −150，你可以使用"**运算**"菜单中的"**小于**"积木来进行检测。

−150 表示球的位置低于球拍。

7. 将两个"**运动**"积木插入循环中，使球保持运动，并使它碰到舞台边缘时反弹。当玩家接球失败的时候，游戏就结束了。添加"**控制**"菜单中的"**停止全部脚本**"积木来结束游戏。

这里的步数越大，球移动的速度越快，游戏就会变得越困难。

8. 为了让球对球拍做出反应，用"**事件**"菜单中的"**当接收到**"积木开始一个新的脚本。如果球撞到了球拍，它应该反弹。转到"**运动**"菜单，用一个"**将 y 坐标设为**"积木将它移开，然后用"**面向……方向**"积木将它向一个新的方向发射。使用"**运算**"菜单中的"**减**"积木和"**运动**"菜单中的"**方向**"变量来完成脚本。

如果球在下落，"**180− 方向**"这个公式就会改变它的方向。

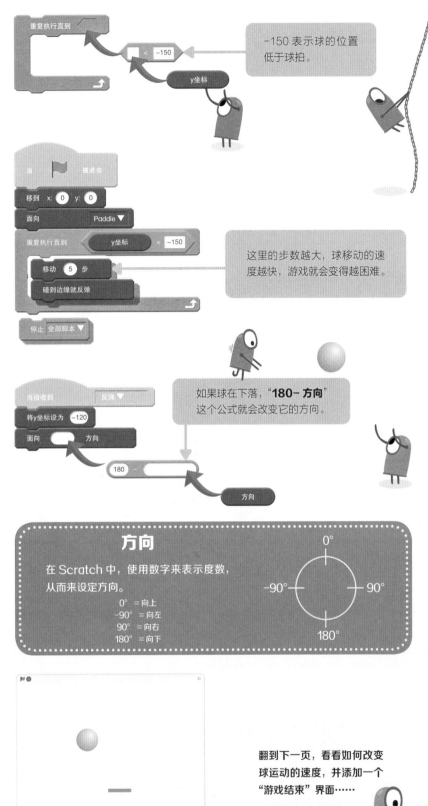

方向

在 Scratch 中，使用数字来表示度数，从而来设定方向。

0° = 向上
−90° = 向左
90° = 向右
180° = 向下

0°
−90° —— 90°
180°

试一下

9. 测试代码。看看你能让球在舞台上来回弹多长时间。

翻到下一页，看看如何改变球运动的速度，并添加一个"游戏结束"界面……

加速

接下来，我们要学习如何让球加速，并在游戏结束时添加一个"Game over"（游戏结束）的画面。

创建一个变量

使用一个新**变量**，在每次球拍击到球时增加球的速度。

1. 选择"**变量**"菜单，点击建立一个变量（勾选"适用于所有角色"）。在弹出窗口中输入"速度"，将会出现一组新的"速度"变量积木。

处理数据

只要正确地给数据和信息打上标签，计算机就可以快速而精确地对它们进行处理。有两种主要方法来达到这个目的：一是像这里一样使用**变量**，另外一种是使用**列表**（参见第 58 页）。

加快速度

2. 选择球这个角色。在主脚本的"**重复执行直到……**"积木之前添加"**变量**"菜单中的"**将变量设为……**"积木，在下拉菜单中选择"速度"，来设置球的初始速度。

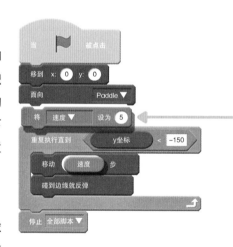

从下拉菜单中选择"速度"，然后输入一个小一些的数字作为起始速度。

3. 现在要将"**速度**"应用于球的移动速度，请使用"**速度**"变量替换"**移动**"积木中的步数。

现在开始玩游戏吧！看看在球变得越来越快前你能坚持玩多久。

4. 在以"**当接收到……**"开头的脚本中添加一个"**将变量增加**"积木，并从下拉菜单中选择"速度"，这样球每次被击中都会变得更快一点儿。

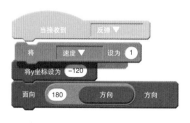

游戏结束

你还可以增加一个"Game over"的界面。

1. 选择球这个角色。将"**停止全部脚本**"替换为"**广播**"积木，以便在球触到舞台底部时发送消息。

创建一个"游戏结束"画面

2. 现在，将鼠标悬停在角色按钮上，并选择绘制来创建一个新的角色。这将打开**绘画工具**。

3. 单击 **T**（文本工具），然后点击屏幕。从调色板中选择一种颜色，再选择一种你喜欢的字体样式。然后输入"Game over"。

添加脚本

4. 回到"代码"选项卡，在角色区中选择新创建的文本角色。当游戏开始时，使用"**隐藏**"积木来隐藏角色。

5. 创建另一个脚本，告诉角色在收到"Game over"消息时显示。

6. 添加一个"**重复执行……次**"积木，在里面加入"**将……特效增加**"和"**等待**"积木，使所添加的文字出现闪动效果。再放置一个"**停止全部脚本**"积木结束游戏。

从下拉菜单中选择"新消息"，命名为"Game over"（游戏结束）。

翻到第 32 页了解更多关于绘画工具的信息。

GAME OVER

单击文本，拖动调整框，可以更改文字的大小和位置。

改变颜色

在 Scratch 中，每种颜色都对应一个特定的数字，所以改变数字就可以改变颜色。

图案生成器

你可以让一个角色复制生成很多相同的副本（称为克隆体），
并使用它们画出整齐漂亮的图案。

1. 启动 Scratch，选择"新作品"，删除舞台上的猫，并选择一个造型简单的角色。点击"**角色菜单**"上的"**大小**"，输入更小一些的数字，这样能够缩小角色。

2. 右边这些积木可以将角色放置到舞台中央，面向右方移动，并在每次单击绿旗按钮时清空舞台。"**全部擦除**"积木可以在"**画笔**"扩展中找到（翻到第 22 页，可以查看如何设置）。

创建克隆体

3. 转到"**控制**"菜单并选择"**克隆**"积木。从下拉菜单中选择"**自己**"。将其插入到一个"**重复执行……次**"积木中，得到 8 个相同的克隆体，并将其添加到脚本的末尾。

4. 然后添加"**外观**"菜单中的"**隐藏**"积木，使原始角色消失，所以克隆完成后，只能看到克隆体。

5. 为了控制克隆体，你需要给它们编号，并确保编号总是从 0 开始。

转到"**变量**"菜单，创建一个名为"**克隆体编号**"的新变量，选择"适用于所有角色"，取消勾选"**变量**"菜单中的方框，这样它就不会显示在舞台上了。然后在循环开始之前插入一个"**将变量设为……**"积木，如右图所示。

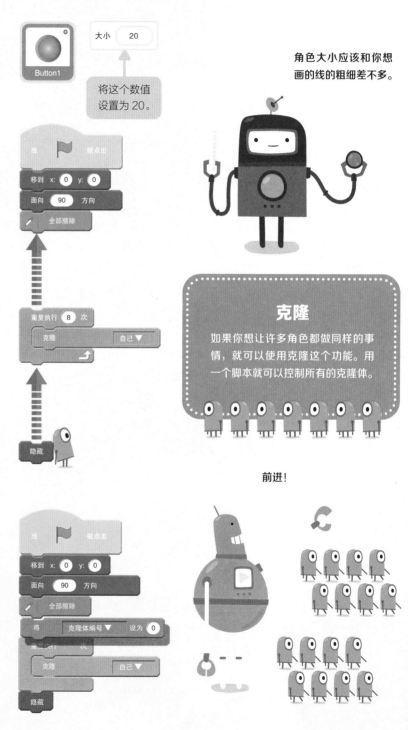

将这个数值设置为 20。

角色大小应该和你想画的线的粗细差不多。

克隆

如果你想让许多角色都做同样的事情，就可以使用克隆这个功能。用一个脚本就可以控制所有的克隆体。

前进！

控制克隆体

1. 使用"**控制**"菜单中的"**当作为克隆体启动时**"积木开始一段新的脚本。再在下面插入"**显示**"积木，这样所有克隆体都会遵循"**显示**"积木的指示出现在舞台上。

2. 现在开始安排克隆体的位置。从"**运算**"菜单中找出"*****"的积木，并在白色框中填入"**克隆体编号**"变量。将这个积木放入"**旋转**"积木（来自"**运动**"菜单），再添加一个"**移动**"积木。

3. 添加一个"**将变量增加……**"积木，这样每个新增的克隆都会得到一个新的编号。

现在让它们开始画画……

4. 接下来，在"**控制**"菜单中找到"**重复执行**"和"**如果……那么**"积木，按照右图所示堆砌起来。设置**如果**条件为"**按下……键**"（来自"**侦测**"菜单），在下拉菜单中选择"向上箭头"。然后插入"**移动**"积木、"**图章**"积木（来自"**画笔**"扩展菜单）和"**将……特效增加**"积木（来自"**外观**"菜单）。

5. 在"**重复执行**"循环中再插入两个"**如果……那么**"积木来实现操控。放入按下向左键和向右键的**方向键**，添加"**运动**"菜单中的"**旋转**"积木，如右图所示。

完成脚本后，可以点击绿旗按钮来检测一下。

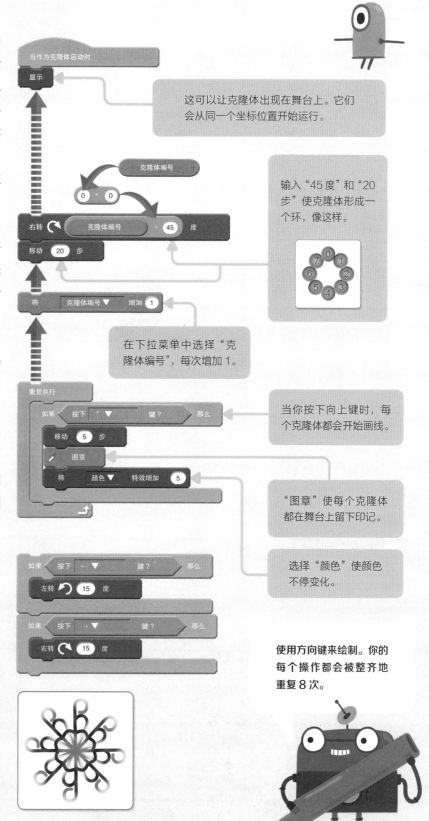

当作为克隆体启动时
显示

> 这可以让克隆体出现在舞台上。它们会从同一个坐标位置开始运行。

克隆体编号
0 * 0

右转 克隆体编号 * 45 度
移动 20 步

> 输入"45度"和"20步"使克隆体形成一个环，像这样。

将 克隆体编号▼ 增加 1

> 在下拉菜单中选择"克隆体编号"，每次增加1。

重复执行
如果 按下 ↑▼ 键？ 那么
移动 5 步
图章
将 颜色▼ 特效增加 5

> 当你按下向上键时，每个克隆体都会开始画线。

> "图章"使每个克隆体都在舞台上留下印记。

> 选择"颜色"使颜色不停变化。

如果 按下 ▼ 键？ 那么
左转 15 度

如果 按下 ▼ 键？ 那么
右转 15 度

> 使用方向键来绘制。你的每个操作都会被整齐地重复8次。

45

电子宠物

你可以使用 Scratch 创建一个电子宠物，并跟它玩耍。

创建一只宠物

1. 启动 Scratch，选择"新作品"，删除舞台上的猫。选择一个你喜欢的角色作为宠物。你可以自己绘制或从少年创客学院素材库中选一个。不要忘记角色还需要具备不同的造型（见右表）。

2. 添加一个背景作为宠物的家，你可以上传自己家的照片，或使用 Scratch 软件自带的背景。还可以使用少年创客学院素材库中的背景。

3. 为了使你的宠物在一开始以正确的造型出现在合适的地方，需要使用"**绿旗**"积木，然后接上"**换成……造型**"积木（来自"**外观**"菜单），再接上"**移动**"积木（来自"**动作**"菜单）。

喂食时间

1. 添加另一个角色作为宠物的食物。把它拖到舞台的一角。记下它的坐标，在下一页的步骤 3 需要用到。

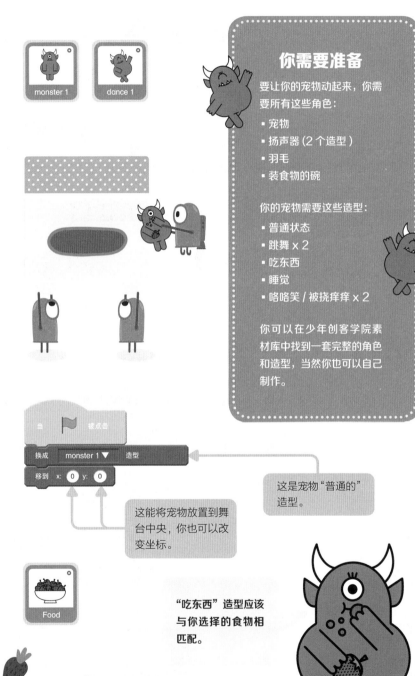

monster 1　　dance 1

你需要准备

要让你的宠物动起来，你需要所有这些角色：

- 宠物
- 扬声器（2 个造型）
- 羽毛
- 装食物的碗

你的宠物需要这些造型：

- 普通状态
- 跳舞 x 2
- 吃东西
- 睡觉
- 咯咯笑 / 被挠痒痒 x 2

你可以在少年创客学院素材库中找到一套完整的角色和造型，当然你也可以自己制作。

当 🏳 被点击
换成　monster 1 ▼　造型
移到 x: 0 y: 0

这能将宠物放置到舞台中央，你也可以改变坐标。

这是宠物"普通的"造型。

Food

"吃东西"造型应该与你选择的食物相匹配。

2. 在**角色区**中选择食物角色（food），转到"**事件**"菜单并为它创建脚本。在"**广播**"积木的下拉菜单中，选择"新消息"，并将其命名为"来吃"。

当角色被点击
广播　来吃 ▼

这可以告诉你的宠物过来吃东西。

3. 在**角色区**选择宠物，用"**当接收到**"开始一个新的脚本。添加一个"**滑动**"积木（来自"**运动**"菜单），使宠物移动到食物的位置。

eating

当接收到　来吃 ▼
在　2　秒内滑行到 x: −61 y: 62

从下拉菜单中选择"来吃"。

你可以把食物放在舞台上的任何一个位置。

4. 当宠物接触到食物时，用一个"**换成……造型**"积木来显示它在吃东西。你还可以添加一个"**说**"的积木和一个声音。记住，要在**声音库**中先选择声音再添加"**播放声音**"积木。

当接收到　来吃 ▼
在　2　秒内滑行到 x: −61 y: 62
换成　eating ▼　造型
播放声音　咯吱咯吱 ▼
说　啊呜啊呜！　2　秒

从下拉菜单中选择"吃东西"造型。

5. 然后，切换回宠物原来的造型并把它送回到开始的位置。

换成　monster 1 ▼　造型
在　2　秒内滑行到 x: 0 y: 0

点击绿旗按钮，然后单击食物来测试代码。

x: −61　y: 62

如果你需要查看角色的 x 和 y 坐标，你可以将鼠标悬停在舞台中的角色上。

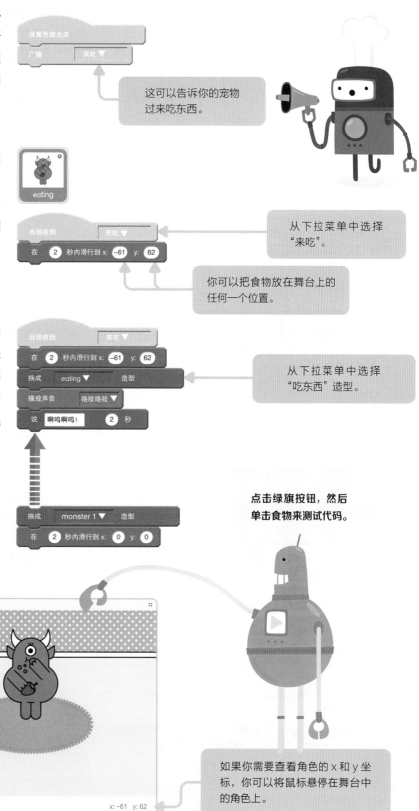

挠痒痒

1. 你还可以给你的宠物挠痒痒。添加另一个角色。你可以使用羽毛。先把它拖到舞台的另一个角落。

你可以自己画羽毛，或者从少年创客学院素材库中找一根。

2. 在**角色区**中选定羽毛，转到"**事件**"菜单为它创建脚本。在"**广播**"积木中，选择"**新消息**"，并将其命名为"挠痒痒"。

当角色被点击
广播 挠痒痒 ▼

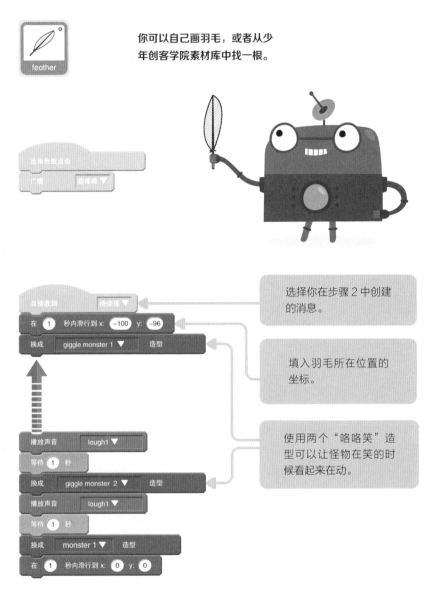

3. 在角色区中选定你的宠物，创建挠痒痒脚本。在"**当接收到**"积木后面添加"**滑动**"，使宠物移动到羽毛上面。然后添加一个"**换成……造型**"积木。

当接收到 挠痒痒 ▼
在 1 秒内滑行到 x: −100 y: −96
换成 giggle monster 1 ▼ 造型

选择你在步骤2中创建的消息。

填入羽毛所在位置的坐标。

4. 在"**播放声音**"积木中加入笑声，后面接上"**等待**"和"**换成……造型**"积木。后面再添加另一个播放笑声以及"**等待**"和"**换成……造型**"积木，这是要让宠物被挠痒痒之后，换回原来的造型。再回到一开始的位置。

播放声音 laugh1 ▼
等待 1 秒
换成 giggle monster 2 ▼ 造型
播放声音 laugh1 ▼
等待 1 秒
换成 monster 1 ▼ 造型
在 1 秒内滑行到 x: 0 y: 0

使用两个"咯咯笑"造型可以让怪物在笑的时候看起来在动。

嘿嘿……

哈哈……

48

一起跳舞吧

1. 先添加一个播放音乐的角色——扬声器。还需要一个带有播放声音效果的扬声器造型，表示它正在播放声音。把扬声器拖到舞台的另一个角落。你也可以绘制自己喜欢的播放器造型，请翻到第 32 页查看如何绘制角色。

2. 选择**角色区**中的扬声器，并创建如右图所示的脚本。

Speaker

Speaker 2

当 ▶ 被点击
换成 speaker ▼ 造型

使用扬声器（speaker）造型。确保扬声器一开始没有声音线。

3. 再开始创建扬声器的另一个脚本，广播一条名为"来跳舞"的新消息。

当角色被点击
广播 来跳舞 ▼

广播这条信息将开始播放音乐。

4. 从声音库中选择一些音乐并添加"**播放声音**"积木。用广播积木"停止跳舞"来使音乐停止。

播放声音 Drum Machine ▼ 等待播完
广播 停止跳舞 ▼

收到信息将会停止跳舞。

5. 要让扬声器显示它正在播放，使用"**当接收到**"启动另一个脚本，然后添加一个包含交替排列的"**等待**"和"**换成……造型**"积木的"**重复执行**"积木。如右图所示。

当接收到 来跳舞 ▼
重复执行
　等待 0.5 秒
　换成 speaker 2 ▼ 造型
　等待 0.2 秒
　换成 speaker ▼ 造型

选择"来跳舞"。

切换到带声音线的造型。

再换回原来的造型。

6. 添加一个像这样的简短脚本，让音乐和舞蹈同时停止。

当接收到 停止跳舞 ▼
换成 speaker ▼ 造型
停止 该角色的其他脚本 ▼

这将停止这个角色的所有代码。

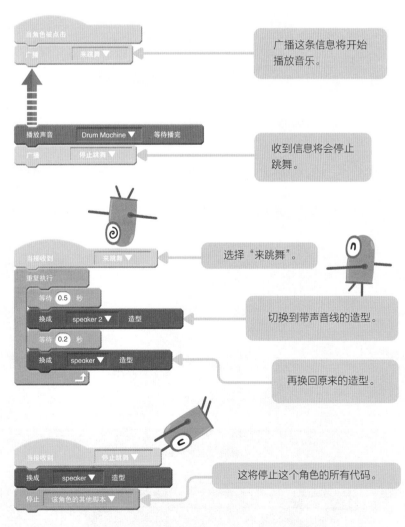

7. 现在要让宠物跳起舞来，在**角色区**中选择宠物并创建一个新脚本，如右图所示。用"**重复执行**"积木套住所有的造型转换积木，这样才能保证舞蹈不会停止。

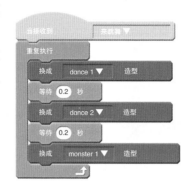

注意：如果你让你的宠物同时做两件事，它可能会产生混乱。如果出现这种情况，只需点击绿旗重新启动程序就可以了。

8. 最后，创建一个像这样的小脚本，让舞蹈随音乐停止而停止。通过点击扬声器来测试你的代码。

这个积木将停止这个角色上除了这段以外的所有代码。

睡觉时间

1. 现在该让宠物睡觉了。选择**角色区**中的宠物，并以"**当按下……键**"积木开始一个新的脚本。然后使用"**转换造型**"积木，选择"睡觉 (sleeping)"造型。

在这里我们选择了空格键，但是你可以使用下拉菜单中的任何键。

2. 添加一个"**播放声音**"积木和"**说**"积木，可以让宠物发出打呼噜的声音。

最后使用"**换成……造型**"积木让它醒过来。

这个声音听起来很像打呼噜——或者你可以自己录制声音效果。

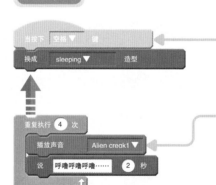

呼噜呼噜……

按下空格键测试代码。

给宠物添加一个声音

1. 现在要让宠物在被点击时发出声音。在**角色区**中选择宠物，使用"**当角色被点击**"积木，开始一个新的脚本。

2. 转到"**变量**"菜单，新建一个名为"**叫声**"的"**变量**"。把它设置为"适用于所有角色"，取消勾选变量菜单处的方框，这样它就不会显示在舞台上了。然后在"**运算**"菜单中找到"**将变量设为**"积木并在里面放入"**在……和……之间取随机数**"积木。

3. 对于每种叫声使用一个"**如果……那么**"积木。使用"**等于**"积木（来自"**运算**"菜单）设置条件，这样当你得到一个特定的随机数时，对应的叫声就会被播放。

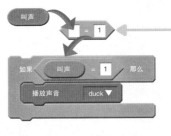

4. 如果你愿意，你也可以添加一个"**思考**"积木来"翻译"这些叫声。

5. 添加一些不同的声音，像右图这样。通过单击宠物几次来测试代码。

如果有太多的代码，无法一次性查看，你可以在**脚本区**滚动查看。

> 这些数字代表宠物可以发出的不同叫声。

添加声音

你可以自己录制声音，或者使用 Scratch 库中的声音。请记住，每个声音必须先添加到声音库中才能播放。

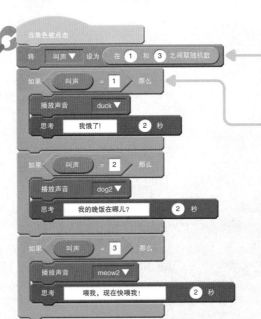

> 这个范围应该与你添加的叫声的数量保持一致。

> 给每个叫声规定一个数字。

> 你可以去少年创客学院素材库中下载并查看完成的脚本。

进阶挑战

当你掌握了前面的 Scratch 的基础知识之后，就可以进一步制作一些更复杂的游戏来练习编码技巧了。接下来的游戏是建立在之前完成的内容基础之上的，所以在挑战下面的内容之前要确保你已经完成了前面内容的学习。

每个游戏都附带一个包含现成的角色和背景以及完整的游戏脚本的在线素材包供你使用。你可以在少年创客学院素材库中找到素材包并下载查看。

极限赛车

设计赛车和赛道，再添加一块计分板，展示赛车每跑一圈所用的时间。赛车比赛开始了！邀请你的小伙伴们一起来参加吧！看看谁的赛车跑得更快，得分更高。

设计阶段

1. 启动 Scratch，选择"新作品"，删除舞台上的猫。现在开始来设计赛道。将鼠标移到舞台下方的**背景**按钮上，选择**绘制**来打开绘画工具。

用看起来像油漆罐的按钮把**舞台**填充成绿色。选择粗一些的灰色**画笔**来画赛道。再用细的画笔，选取另一种颜色来画终点线。

2. 找到你在第 34 页制作的赛车角色，并把它添加进来。（如果你有 Scratch 账号，可以把它从**书包**里拖出来。如果没有，可以将你保存在计算机中的文件上传。）现在，赛车出现在**舞台**上和**角色区**里面。

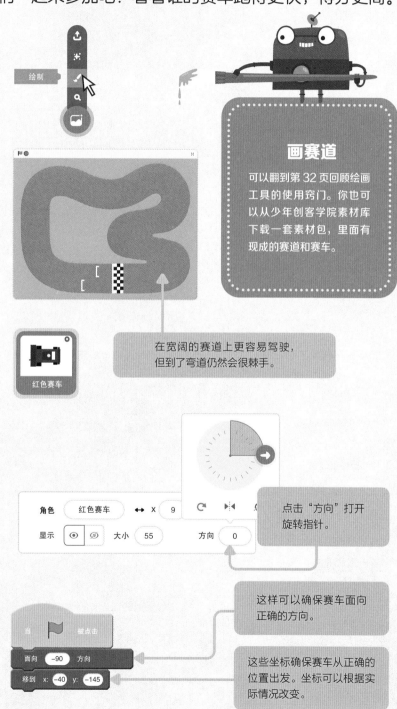

画赛道

可以翻到第 32 页回顾绘画工具的使用窍门。你也可以从少年创客学院素材库下载一套素材包，里面有现成的赛道和赛车。

红色赛车

在宽阔的赛道上更容易驾驶，但到了弯道仍然会很棘手。

准备出发

3. 把赛车拖到发车线，注意要放准赛车的位置，赛车要在线的前面，但不能碰到线。在**角色区**选择赛车，使用旋转指针将其指到正确的方向，并将其大小更改成"55"。记录下此时的 **x 坐标、y坐标**和**方向**对应的数字。

使用"**绿旗**"积木作为脚本的开始。添加"**运动**"菜单的"**面向……方向**"积木和"**移到……**"积木，并输入你刚刚记下的数字。

点击"方向"打开旋转指针。

角色　红色赛车　↔ X 9　　　方向 0

显示　　大小 55

这样可以确保赛车面向正确的方向。

当 🚩 被点击

面向 -90 方向

移到 x: -40 y: -145

这些坐标确保赛车从正确的位置出发。坐标可以根据实际情况改变。

开始计时

4. 现在要加上计时功能。进入"**变量**"菜单，选择"建立一个变量"。将新变量命名为"单圈时间"。

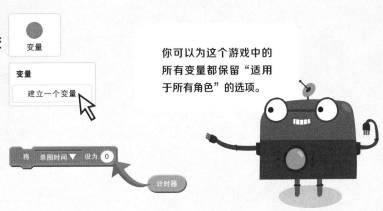

你可以为这个游戏中的所有变量都保留"适用于所有角色"的选项。

5. 把"**将（变量）设为……**"积木拖到脚本区，然后从下拉菜单中选择"单圈时间"。再将"**侦测**"菜单中的"计时器"积木插入白色的部位。

6. 用"**重复执行直到……**"循环体将它围起来。通过"**碰到颜色……？**"积木来设置条件，这样计时器就可以统计赛车从出发到通过终点时所用的时间，直到通过终点为止。

要选择颜色，请点击颜色框，再点击底部的"颜色拾取器"，对准终点线，就可以选中终点线的颜色了。（见第 33 页）

7. 在步骤 3 的脚本下方添加这个"**重复执行直到……**"循环体。然后在开始位置的正下方插入一个"**计时器归零**"积木（来自"**侦测**"菜单）。这样可以确保每次游戏开始时，计时器始终从零开始。

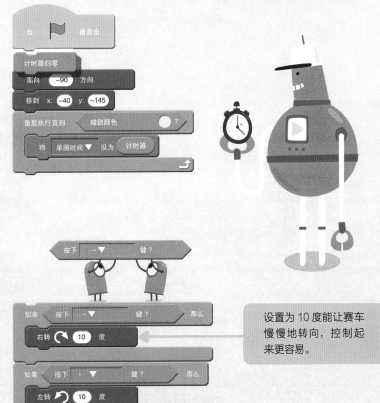

控制方向

8. 你可以用箭头键操纵赛车。进入"**侦测**"菜单，选择"**按下……键？**"积木。

将它插入一个"**如果……那么**"积木，并从下拉菜单中选择"→"。然后插入一个"**右转……度**"积木（来自"**运动**"菜单）。

对第二个"**如果……那么**"积木进行重复操作，选择"←"，插入一个"**左转……度**"积木。

将这两个"**如果……那么**"积木都插入步骤 7 的"**重复执行直到……**"循环体中。

设置为 10 度能让赛车慢慢地转向，控制起来更容易。

可以翻到第 57 页，查看完成后的脚本。

提速

9. 现在要控制车速，你需要建立另一个**变量**。将新变量命名为"速度"，然后在"**变量**"菜单处取消勾选方框，不让它显示在舞台上。在"**绿旗**"积木后插入一个"**将速度设为……**"积木，填入 0，确保赛车的初始速度为 0。

10. 放入一个"**如果……那么**"积木和另一个"**按下……键?**"积木，但这次在下拉菜单中选择"↑"。如果按下这个键，则使用"**将速度增加……**"积木来提高速度。

减速

在真实的情况下，赛车不只会加速，还会受到阻力的影响而减慢速度。即使是在赛道上驾驶，也会受到阻力；如果是在草地上行驶，赛车受到的阻力会更大。我们接下来要模拟阻力的效果。

11. 放入一个"**如果……那么**"积木，并用"**碰到颜色……**"来设定"如果"的条件，用以检测赛车是否偏离了赛道。如果偏离，则**将速度设定为"速度"**乘以 0.5（使用"**运算**"菜单中的**乘法**积木）来施加阻力。

12. 当赛车在赛道上时，要为它设置小一些的阻力。在"否则"的下面，将速度设为"**速度**"乘以 0.8。然后添加一个"**移动……步**"积木，并将"**速度**"设定为步数。将整个脚本块添加到步骤 7 的"**重复执行直到……**"循环体中。

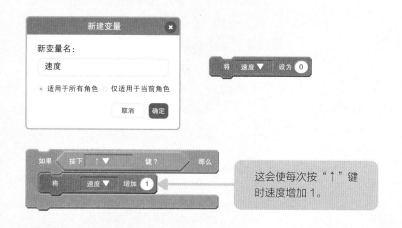

新建变量

新变量名：

速度

● 适用于所有角色　○ 仅适用于当前角色

取消　确定

将 速度▼ 设为 0

如果 按下 ↑▼ 键? 那么
将 速度▼ 增加 1

> 这会使每次按"↑"键时速度增加 1。

平稳减速

在游戏中，经常使用的一个简便的减速技巧是将速度乘以小于 1 的数字。这样会逐渐降低速度，能够实现平稳减速，看起来效果更逼真。这是模拟阻力效果的好方法（参见第 69 页）。

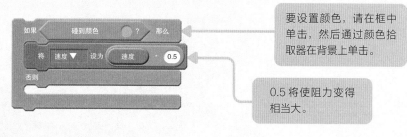

如果 碰到颜色 ? 那么
将 速度▼ 设为 速度 · 0.5
否则

> 要设置颜色，请在框中单击，然后通过颜色拾取器在背景上单击。

> 0.5 将使阻力变得相当大。

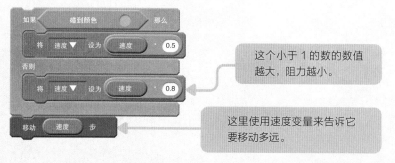

如果 碰到颜色 那么
将 速度▼ 设为 速度 · 0.5
否则
将 速度▼ 设为 速度 · 0.8
移动 速度 步

> 这个小于 1 的数的数值越大，阻力越小。

> 这里使用速度变量来告诉它要移动多远。

13. 最后，你也可以在循环体的下方添加一个声音来庆祝比赛结束。

播放声音　gong ▼

各就各位，预备，出发！

14. 点击绿旗按钮开始游戏，看看你能在赛道上开多快。如果游戏不能正常运转，那么一定是代码中有 bug。请对照下面的脚本再检查一遍。

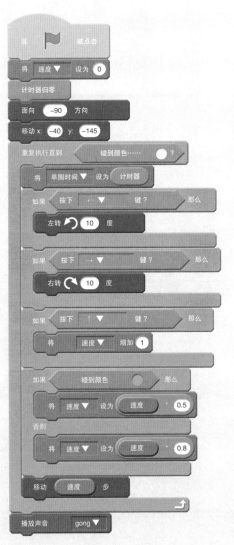

当 ▶ 被点击
将 速度 ▼ 设为 0
计时器归零
面向 -90 方向
移动 x: -40 y: -145
重复执行直到 ⟨ 碰到颜色…… ⬤ ?⟩
　将 单圈时间 ▼ 设为 计时器
　如果 ⟨按下 ← ▼ 键?⟩ 那么
　　左转 ↺ 10 度
　如果 ⟨按下 → ▼ 键?⟩ 那么
　　右转 ↻ 10 度
　如果 ⟨按下 ↑ ▼ 键?⟩ 那么
　　将 速度 ▼ 增加 1
　如果 ⟨碰到颜色 ⬤⟩ 那么
　　将 速度 ▼ 设为 速度 · 0.5
　否则
　　将 速度 ▼ 设为 速度 · 0.8
　移动 速度 步
播放声音　gong ▼

很多很多积木

随着你的脚本变得更长、更复杂，要判断游戏正在运行着哪部分代码也会变得更加困难。请记住，一定要按顺序，从上到下、从左到右地来理解这些积木。你可以把你自己也想象成计算机。

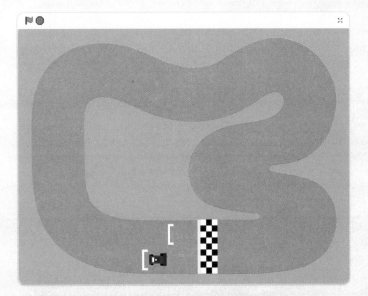

单圈时间列表

1. 你还可以记录下赛车跑完一圈所用的时间。首先，在步骤 13 的"**播放声音……**"积木下方插入一个"**广播……**"积木。这样当赛车跑完一圈后，就会发送一条消息。

2. 然后用"**当接收到……**"积木开始一段新脚本。这段脚本将在赛车抵达终点线后开始运行。

3. 现在需要把记录的时间存储下来，你需要建立一个"**列表**"。在"**变量**"中选择"建立一个列表"。把它叫作"单圈时间"，在"**变量**"菜单处取消勾选，这样它就不会在游戏过程中出现在舞台上了。

4. 要把单圈时间记录在列表中，放入一个"**将……加入……**"积木（来自"**变量**"菜单）。将"**单圈时间**"变量拖到白色方框，然后从下拉菜单中选择"单圈时间"。

5. 接下来在新脚本中添加一个"**显示列表……**"积木，并再次从下拉菜单中选择"单圈时间"。这样，在游戏结束后，列表就会显示出来。

6. 要在开始新一圈时隐藏列表，请使用另一个"**绿旗**"积木并添加"**变量**"菜单中的"**隐藏列表……**"，如图所示。

从下拉菜单中选择"新消息"，然后输入"完成"。

从下拉菜单中选择"完成"。

长长的列表

组织计算机信息的方法主要有两种：变量（见第 10 页）和列表。变量只能管理一条信息，列表可以处理任意多条信息。

列表可以把同类项目组合在一起并且给它们排序，以便计算机可以再次找到它们。如果列表很长，可以对它进行排序（例如从高到低），来帮助计算机更快地找到东西。

现在，赛车每次跑完一圈的速度将会被添加到列表的末尾。

单圈时间
（空）

+ 长度：0 =

谁是最快的？

你还可以在单圈时间的旁边记录玩家的名字，这样就可以和朋友进行比赛，看看谁是速度最快的赛车手！

1. 新建一个叫作"名字"的列表，并在变量菜单处取消勾选。

2. 放入一个"**询问……并等待**"积木（来自"**侦测**"菜单），并把它插入到"**当接收到……**"积木（在第58页的步骤2中）的下面。这样，赛车跑完一圈后就会询问玩家的名字。

3. 放入一个"**回答**"变量（来自"**侦测**"菜单），并将它拖进"**将……加入……**"积木（来自"**变量**"菜单）。从下拉菜单中选择"名字"，并将其插入到"**询问……并等待**"积木下方。

4. 插入另一个"**显示列表……**"积木，让名字列表显示在单圈时间列表的旁边。如右图所示，脚本应该是这样的。

5. 最后，把另一个"**隐藏列表……**"积木添加到第58页步骤6中的脚本中。这样就可以确保在开始新的一圈时两个列表都被隐藏起来。

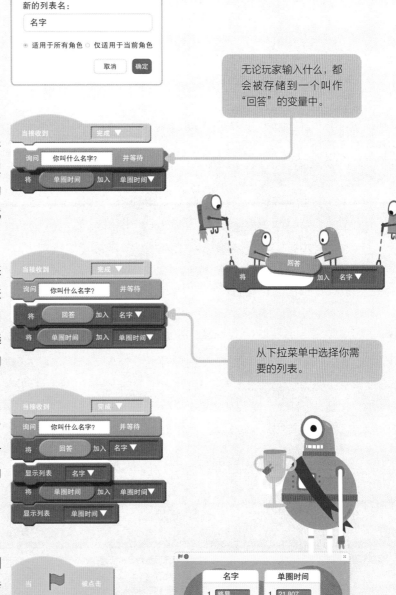

无论玩家输入什么，都会被存储到一个叫作"回答"的变量中。

从下拉菜单中选择你需要的列表。

太空大冒险

在这个游戏中，你会驾驶一艘宇宙飞船在太空中航行，但要当心小行星和其他障碍物，不要被它们撞到啦！

1. 启动 Scratch，选择"新作品"，删除舞台上的小猫。添加两个新的角色：一艘宇宙飞船和一颗小行星。我们在这里使用了素材包中的角色。你也可以自己动手绘制。

如果你喜欢的话，还可以给角色取其他的名字，比如"毁灭者小行星"或者"英雄号"等。

2. 在这个游戏中，设定宇宙飞船的右方为正面。点击**角色区**中的宇宙飞船，并使用**角色菜单**中的旋转指针来设置方向。（如果飞船是头朝上画的，那么方向应该设置为 180°。）

3. 要使宇宙飞船变小，点击**角色菜单**上的"大小"，输入一个比 100 小的数字。

4. 打开**背景库**，添加背景"星空"，或者使用素材包中的背景。

星空

无限卷轴

这个游戏会设置许多障碍物在屏幕上飞过。玩家的目标是使用鼠标上下移动宇宙飞船来避开它们。这一类游戏叫作"无限卷轴"。它会一直持续下去，直到玩家失败。

给宇宙飞船编码

1. 在**角色区**中选择宇宙飞船。当点击"**绿旗**"按钮时，让它移到舞台的左侧。

> 当 🚩 被点击
>
> 将x坐标设为 **-160**

-160 几乎是舞台的左侧边缘。

2. 要靠鼠标来上下移动来控制宇宙飞船，可以通过改变它的 y 坐标来实现。可以在"**将 y 坐标设为……**"积木（来自"**运动**"菜单）里添加"**鼠标的 y 坐标**"（来自"**侦测**"菜单）。

> 将y坐标设为 **鼠标的y坐标**
>
> **鼠标的y坐标**

3. 在"**控制**"菜单中找到积木"**重复执行直到……**"，放入框中。然后添加一个"**侦测**"菜单中的"**碰到……?**"积木。用这个循环体围住步骤 2 的积木。

> 碰到 ▼ ?
>
> 重复执行直到 碰到 **小行星 ▼** ?
>
> 将y坐标设为 **鼠标的y坐标**

从下拉菜单中选择"小行星"。

4. 现在，点击绿旗按钮之后，你就可以用鼠标上下移动来控制宇宙飞船了，宇宙飞船撞到小行星就停止运动了。

> 当 🚩 被点击
>
> 将X坐标设为 **-160**
>
> 重复执行直到 碰到 **小行星 ▼** ?
>
> 将Y坐标设为 **鼠标的y坐标**

给小行星编码

1. 选择小行星角色，先用"**绿旗**"积木开始一段新脚本。

> 当 🚩 被点击

2. 添加"**运动**"菜单中的"**移到……**"积木使小行星出现在舞台右侧边缘。

> 当 🚩 被点击
>
> 移到 x: **240** y: **0**

输入 240（舞台的右侧边缘）作为 x 坐标的值。

3. 添加"**运动**"菜单中的"**将 x 坐标增加……**"积木，并在白色方框内输入一个负数。这可以让小行星向左移动。

这个数字越小，小行星移动的速度就越快。

4. 小行星要一直处于运动状态，直到宇宙飞船撞到它。用一个"**重复执行直到……**"循环体包住"**将 x 坐标增加……**"积木，并通过"**碰到……？**"（来自"**侦测**"菜单）来设置条件。

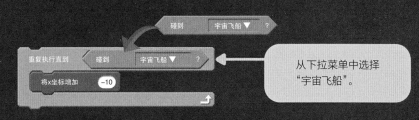

从下拉菜单中选择"宇宙飞船"。

5. 你还需要留意小行星到达舞台边缘时的情况。放入一个"**……<……**"积木（来自"**运算**"菜单），并且把"**x 坐标**"（来自"**运动**"菜单）拖进去。

在这里输入 -240。（这是舞台的左侧边缘的 x 坐标，小行星只有在没有撞上飞船的情况下才能到达这里。）

6. 将这个组合积木插到一个"**如果……那么**"积木(来自"**控制**"菜单)中。

7. 在里面插入一个"**将 x 坐标设为……**"积木，然后输入240，让小行星回到舞台的右侧边缘。

8. 在"**将 x 坐标设为……**"积木下面添加一个"**将 y 坐标设为……**"积木。它可以决定小行星的高度。插入"**在……和……之间取随机数**"（来自"**运算**"菜单），范围是从 -180 到 180，这样小行星每次都会在不同高度的位置出现。

这个范围是从舞台的底部到顶部。

9. 将整个"**如果……那么**"脚本块插入步骤 4 的"**重复执行直到……**"循环体中。最终脚本应该是像右图那样的。

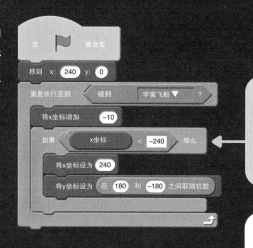

现在，每当小行星到达舞台的左边，它就会重新出现在右边，看起来就像是一颗新的小行星。

试着运行游戏。看上去就像是宇宙飞船正在快速穿过一个小行星带（实际上只有一颗小行星在不断移动）。

现在可以优化这个小游戏。你可以使用变量来让小行星加速，并计算出成功躲避的次数。

加速

1. 进入"**变量**"菜单，创建一个名为"速度"的新变量，但这一次选择"仅适用于当前角色"。

新建变量

新变量名：

速度

○ 适用于所有角色 ◉ 仅适用于当前角色

取消　确定

"仅适用于当前角色"意味着新的变量积木只能在这个角色中使用。

2. 取消方框的勾选，这样"速度"变量就不会出现在舞台上。

3. 选择小行星角色。要设置它的初始速度，请在脚本的开头插入一个"**将速度设为……**"（来自"**变量**"菜单），如右图所示。

将初始速度设置为 -10。

4. 现在放入一个"**速度**"变量(来自"**变量**"菜单),并将它插入脚本中的"**将 x 坐标增加……**"积木。

用这个变量来替换数字"−10"。

5. 要在游戏期间更改速度,可以把"**将速度增加……**"积木(来自"**变量**"菜单)插入"**如果……那么**"脚本块,如图所示。输入 −1 可使其更快地向左移动。

再次试运行游戏。你会发现,每次小行星出现时,它的移动速度都会更快一些。它们不一会儿就会飞得越来越快,变得更加难以躲避。

记分

1. 进入"**变量**"菜单,创建一个名为"**分数**"的新变量。这一次,选择"适用于所有角色"并勾选方框,这样你就可以在舞台上看到分数了。

2. 选择小行星角色。在脚本开头插入一个"**将分数设为……**"积木(来自"**变量**"菜单),使分数从 0 开始。在"**如果……那么……**"脚本块的底部添加一个"**将分数增加……**"积木,这样,每当小行星重新回到舞台右侧时,分数就会增加。

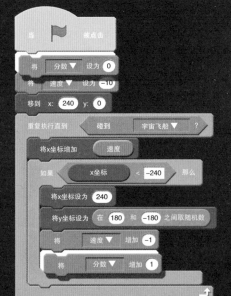

为了让游戏更丰富,你可以在游戏中设置更多的障碍,比如流星、会飞的河马……看到下一页,了解怎样实现。

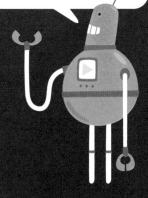

飞驰的外星人

1. 选择"外星人"角色，并为它与小行星编写相同的代码。

新建变量

新变量名：

外星人速度

○适用于所有角色 ● 仅适用于当前角色

取消　确定

2. 再创建另一个"外星人速度"变量，并选择"仅适用于当前角色"，这样它就不会和你以前创建的"速度"变量发生冲突。

复制代码

如果你登陆了 Scratch 账号，可以使用屏幕底部的书包实现在角色之间复制代码的功能，点击书包栏，拖入脚本，切换角色后将它再次拖出。

还可以加大挑战难度，让外星人比小行星跑得更快，并加速更快。

3. 如果成功避让高速行驶的外星人，作为奖励，可以在"**将分数增加……**"中输入一个较高的值。

4. 再切换到宇宙飞船的脚本。添加一个"**……或……**"（来自"**运算**"菜单）和另一个"**碰到……？**"积木，让宇宙飞船对外星人的撞击做出响应，如图所示。

添加一个"**停止全部脚本**"积木，用来在发生碰撞时停止所有角色（而不仅仅是被撞到的角色）。

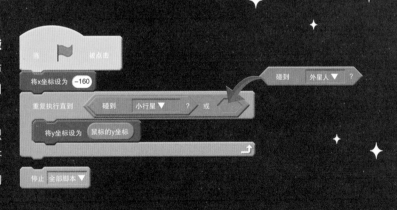

和你的朋友比一比，看看谁能得到最高分数！

分数　15

逃离古堡

在这个游戏中，骑士被困在古堡中，你需要让他从一个窗台跳到另一个窗台来到达远处的一扇门，就可以逃出古堡了。

怎么玩

使用键盘上的方向键来控制你的主角。使用向左键和向右键来左右移动，按向上键可以跳跃。

背景由一些窗台组成，主角需要在它们之间跳跃，在不跌落的情况下到达门的位置。

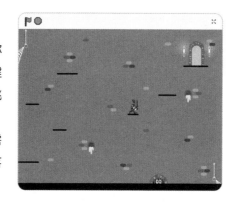

你可以选择一个角色并自己设计背景，也可以使用少年创客学院素材库中的"逃离古堡"素材包。

选择一个主角

1. 启动 Scratch，选择"新作品"，删除舞台上的猫，并选择一个新的角色。点击"**角色**"菜单，减小"大小"的数值，缩小角色的尺寸。

角色的尺寸必须很小，否则游戏就会过于简单了。我们在这里选择"骑士"，并将大小更改为"20"。

建造窗台

2. 要创建新的背景，请将鼠标悬停在**背景**按钮上，然后选择**绘制**选项。

3. 使用**画线工具**画一些"窗台"。沿底部加一条同样颜色的线作为地面，在最高的"窗台"上方，选择另一种颜色，使用矩形工具来画出你想要到达的"门"。

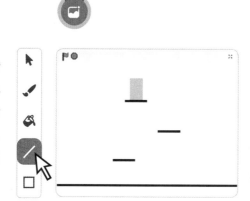

颜色的含义

每种颜色都要代表一件东西。你可以使用——

黑色：坚实的地面
蓝色：门
保证窗台与窗台之间有一定距离，这样角色需要跳跃才能到达！

为主角编码

你需要用三个变量来记录他是否离开地面，
以及他奔跑和跳跃时的速度。

1. 来到"**变量**"菜单并创建三个新变量。你可以将它们命名为"奔跑速度""跳跃速度"和"在地面上"。并选中"适用于所有角色"。

奔跑速度

跳跃速度

在地面上

取消这些框的勾选，这样变量就不会显示在舞台上了。

2. 放入一个**绿旗**积木和三个"**将变量设为……**"积木，增加一个"**移到 x y**"积木，这样可以确保角色每次都从规定好的起点开始。

当 🏳 被点击

将 奔跑速度 ▼ 设为 0

将 跳跃速度 ▼ 设为 0

将 在地面上? ▼ 设为 0

移到 x: −210 y: −100

从下拉菜单中选择变量，并在白框中输入"0"。

这两个值将角色放置到舞台的左下角。

3. 现在，你需要一个会一直执行直到角色到达大门才停止的循环。放入一个"**重复执行直到……**"积木，然后插入"**碰到颜色……?**"，将其添加到步骤 2 的脚本下方。

碰到颜色 ⬤ ?

重复执行直到 ◇

选择门的颜色。

4. 要使角色根据他的速度来移动，请在循环体中插入两个运动积木："**将 x 坐标增加……**"和"**将 y 坐标增加……**"积木。然后插入步骤 1 中设置好的"**奔跑速度**"和"**跳跃速度**"变量。

将x坐标增加 奔跑速度

将y坐标增加 跳跃速度

x 坐标控制角色在水平方向上的位置，y 坐标控制其在垂直方向上的位置。

下落

5. 要使角色在跳跃后回落，请插入一个"**将变量增加……**"积木，选择"跳跃速度"并输入"−1"。

将 跳跃速度 ▼ 增加 −1

负数会减慢跳跃速度。

碰到地面

6. 放入一个"**如果……那么**"积木，并插入一个"**……与……**"（来自"**运算**"菜单）。设置条件时，在一侧放一个"**碰到颜色……？**"积木，这样角色就会对是否碰到地面做出反馈。在另一侧，放一个"**……<……**"积木，并且把跳跃速度添加上。

在步骤3的"**重复执行直到……**"循环中插入"**如果……那么**"积木。

7. 在步骤6的"**如果……那么**"积木内插入另一个"**重复执行直到……**"循环体。重复执行直到角色碰到地面颜色"**不成立**"。在中间插入"**将 y 坐标增加……**"。

8. 在"**重复执行直到……**"循环体的正下方（还是在"**如果……那么**"积木的里面），添加两个"**将变量设为……**"积木来更新数值，这样角色就会停留在地面上。（翻到第 70 页可以查看完整的脚本。）

现在你需要让角色对按键做出响应……

跳跃

角色只有在向上键被按下并且位于地面上时才可以跳跃。

9. 放入一个"**……与……**"积木。在一侧插入"**按下……键？**"（来自"**侦测**"菜单）。插入"**运算**"菜单中的"**……=……**"，等号左边放入变量"**在地面上？**"，等号右边输入 1。

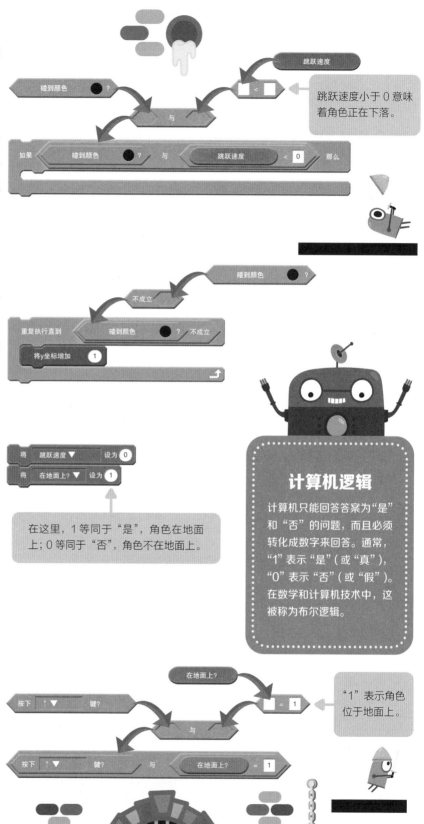

跳跃速度小于 0 意味着角色正在下落。

在这里，1 等同于 "是"，角色在地面上；0 等同于 "否"，角色不在地面上。

计算机逻辑

计算机只能回答答案为"是"和"否"的问题，而且必须转化成数字来回答。通常，"1"表示"是"（或"真"），"0"表示"否"（或"假"）。在数学和计算机技术中，这被称为布尔逻辑。

"1"表示角色位于地面上。

10. 将整个条件判断嵌入到另一个"如果……那么"积木中。然后插入两个"将变量设为……"来更新变量。

将整个脚本块插入到步骤 3 的"重复执行直到……"循环体。

奔跑

角色需要对左右箭头键做出响应来实现奔跑的效果。

11. 对于左箭头,使用另一个"如果……那么"积木并嵌入一个"按下……键?"积木。再插入一个"将变量增加……"积木,选择"奔跑速度",然后输入一个负数。

12. 对于右箭头,也进行同样的操作,只是要选择"→"并输入一个正数。

在步骤 10 的脚本块之后插入这两个"如果……那么"脚本块(仍然在步骤 3 的"重复执行直到……"循环体中)。

13. 我们希望角色的行走速度在没有按下任何键的情况下慢慢停止,这时可以使用一个"将变量设为……"积木,并选择"奔跑速度",把它设为"奔跑速度"乘以一个小于 1 的数字。将这段脚本直接放在步骤 12 的"如果……那么"脚本块下方(仍然在步骤 3 的"重复执行直到……"循环体中)。

完成

14. 最后,你可以在脚本末尾添加一个"播放声音……"积木。

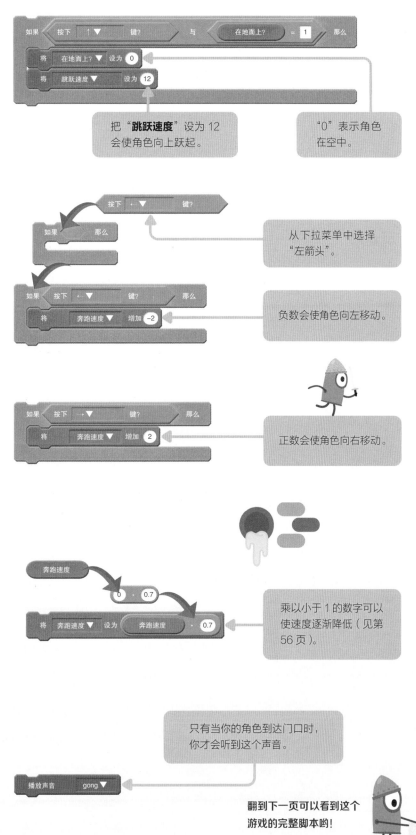

把"跳跃速度"设为 12 会使角色向上跃起。

"0"表示角色在空中。

从下拉菜单中选择"左箭头"。

负数会使角色向左移动。

正数会使角色向右移动。

乘以小于 1 的数字可以使速度逐渐降低(见第 56 页)。

只有当你的角色到达门口时,你才会听到这个声音。

翻到下一页可以看到这个游戏的完整脚本哟!

试玩一下吧!

完成后的代码应该是这样的……
点击**绿旗**按钮试玩一下。如果游戏没有运行,请仔细检查你的代码,确保你用对了所有积木,并且按照正确的顺序拼搭脚本。

多试玩几次。你能让骑士到达门口吗? 你还发现游戏或脚本有什么问题吗?

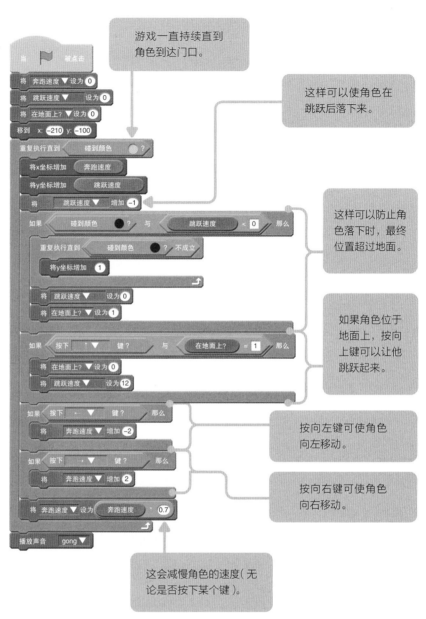

游戏一直持续直到角色到达门口。

这样可以使角色在跳跃后落下来。

这样可以防止角色落下时,最终位置超过地面。

如果角色位于地面上,按向上键可以让他跳跃起来。

按向左键可使角色向左移动。

按向右键可使角色向右移动。

这会减慢角色的速度(无论是否按下某个键)。

看起来像沉下去了一样……

你有没有发现角色会先沉入窗台中才能渐渐浮上来呢? 那是因为这段代码中有个小 bug……

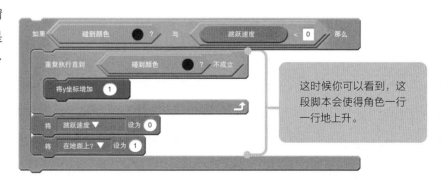

这时候你可以看到,这段脚本会使得角色一行一行地上升。

修正 bug

你可以使用一种新的积木类型——自定义积木来解决这个问题。用自定义积木可以将一堆积木压缩成一块积木，这就可以保持整个脚本简洁明了，还可以让脚本块运行得更快。

1. 进入"**自制积木**"菜单，点击"**制作新的积木**"。给新积木起一个名字，例如"**移到地面上**"。在可选项中勾选"运行时不刷新屏幕"。

当点击"完成"后，新的积木就会出现在"**自制积木**"菜单中。

2. "**定义**"积木也将出现在**脚本区**中。

把产生 bug 的那部分代码分离出来，放在"**定义**"积木下方。这样，这部分脚本就可以快速运行，并且不会在屏幕上显示。

3. 在主脚本中，插入一个"**移到地面上**"积木来替换刚刚被移走的积木。

现在再试玩一次游戏吧！角色运动应该会更流畅，不会出现沉下去的情况了。

更多游戏创意

你可以再选一种颜色来作为陷阱——一旦角色碰到这种颜色，就把他送回起点。

还可以创建更多背景，再使用"**换成……背景**"积木来制作更多的关卡，这样你的主角就需要完成更多的挑战啦！

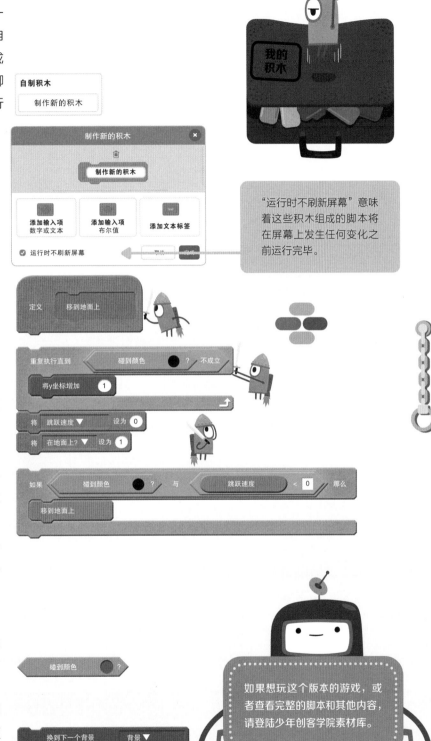

自制积木

制作新的积木

制作新的积木

制作新的积木

添加输入项
数字或文本

添加输入项
布尔值

添加文本标签

☑ 运行时不刷新屏幕

"运行时不刷新屏幕"意味着这些积木组成的脚本将在屏幕上发生任何变化之前运行完毕。

定义　移到地面上

重复执行直到　碰到颜色　?　不成立
将y坐标增加　1

将　跳跃速度 ▼　设为 0
将　在地面上? ▼　设为 1

如果　碰到颜色　?　与　跳跃速度　< 0　那么
移到地面上

碰到颜色　?

换到下一个背景　背景 ▼

如果想玩这个版本的游戏，或者查看完整的脚本和其他内容，请登陆少年创客学院素材库。

打爆气球

在这个游戏中，你需要点击气球来打爆它们。但要当心"末日"气球——如果打爆了它们，游戏就结束了。

创建开始屏幕

1. 启动 Scratch，选择"新作品"，删除舞台上的猫。使用**绘画工具**创建一个背景和一个由文字组成的新角色，或者也可以直接使用起始素材包。我们把这个角色叫作"开始文本"，里面包含了这个游戏的玩法。

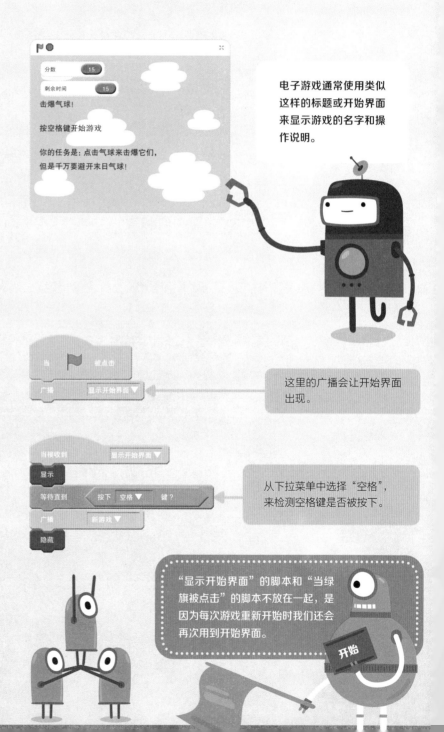

电子游戏通常使用类似这样的标题或开始界面来显示游戏的名字和操作说明。

分数　　15
剩余时间　　15
击爆气球！
按空格键开始游戏
你的任务是：点击气球来击爆它们，但是千万要避开末日气球！

2. 选择"**开始文本**"角色，用"**绿旗**"积木来开始脚本并进行"**广播……**"。

当 ▶ 被点击
广播　显示开始界面 ▼

这里的广播会让开始界面出现。

3. 仍然在"开始文本"角色的脚本中，以"**当接收到……**"积木作为开始，在下面添加"**显示**"积木来显示角色。然后添加"**等待直到 / 按下 (空格) 键?**"并广播，这样，在你按下空格键时，游戏就可以正式开始了。最后用"**隐藏**"作为结束，来让"开始文本"角色再次隐藏。

当接收到　显示开始界面 ▼
显示
等待直到 ＜ 按下　空格 ▼ 键?
广播　新游戏 ▼
隐藏

从下拉菜单中选择"空格"，来检测空格键是否被按下。

"显示开始界面"的脚本和"当绿旗被点击"的脚本不放在一起，是因为每次游戏重新开始时我们还会再次用到开始界面。

开始

给气球编码

1. 从 Scratch 角色库或起始素材包中选择并添加一个气球角色。选中它，然后用 **"隐藏"** 积木制作一小段脚本，以便在显示游戏开始界面时将其隐藏。

2. 使用**绘画工具**为气球绘制其他两个造型，或者使用起始素材包中的造型。

当气球被打爆时，就会出现"爆裂"造型。

这是"末日"气球的造型。

时间、速度和分数

3. 使用**"当接收到……"**积木为气球角色开始一段新的脚本。现在我们来为游戏计分、控制气球的速度以及设定一个时间限制。转到 **"变量"** 菜单，创建**"分数""速度"** 和 **"剩余时间"** 三个新变量，并都选定适用于所有角色。然后按照右图所示来设置它们的初始值。

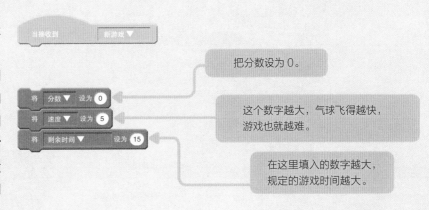

把分数设为 0。

这个数字越大，气球飞得越快，游戏也就越难。

在这里填入的数字越大，规定的游戏时间越大。

如果要在屏幕上显示分数和剩余时间，请记住勾选这些变量旁边的方框。

4. 要想使游戏在规定时间内结束，可以添加一个**"重复执行直到……"**循环。当**"剩余时间"**等于 0 时游戏结束。可以使用**"运算"**积木来判断是否**相等**。

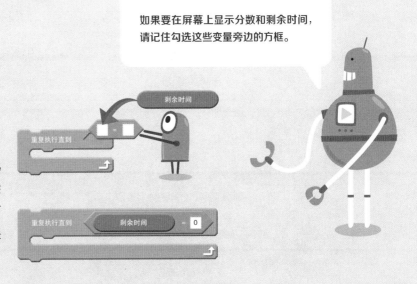

5. 在循环体内部，插入"**将剩余时间增加……**"来进行倒计时，并用"**将速度增加……**"来使气球加速。

然后添加"**克隆自己**"积木来制作出更多气球，接着是"**等待……秒**"积木，设置停顿短暂的时间。

重复执行直到 〈 剩余时间 = 0 〉
将 剩余时间▼ 增加 -1
将 速度▼ 增加 0.2
克隆 自己▼
等待 1 秒

输入负数来进行倒计时。

这样每次都会让速度加快一点儿。

循环体重复执行直到计时器到达0为止。要让它每次减少1或0.5进行倒计，否则就可能会错过0而永远不停下来！

6. 接着，选择一个**声音**代表结束游戏，然后**广播**一条消息来"显示游戏结束界面"（见第77页）。

播放声音 cymbal crash▼

广播 显示游戏结束界面▼

控制克隆体

1. 想要控制克隆体气球，需要用"**当作为克隆体启动时**"来作为新脚本的开始。接着放置"**切换造型**"积木来改变它的造型。

随机选择一个数字，用它来决定克隆体是否会是一个"末日"气球。如果是的话，就用"**换成……造型**"来改变它的外形。

将克隆体设成原始的，也就是还没有爆裂的气球造型。

在 1 和 6 之间取随机数

当作为克隆体启动时
换成 气球▼ 造型
如果 〈 在 1 和 6 之间随机数 = 1 〉 那么
换成 末日▼ 造型

输入"1"和"6"，则有六分之一的机会出现末日气球。（数字范围越大，产生"末日气球"的概率就越低。）

在这里选择末日气球的造型。

每当计算机随机选出的数字为1时，就会出现末日气球。

2. 现在我们让克隆体气球出现在舞台上。使用带有一个随机 x **坐标**和一个固定 y 坐标的"**移到 x y**"积木，这样克隆体就可以出现在屏幕底部的任何地方。

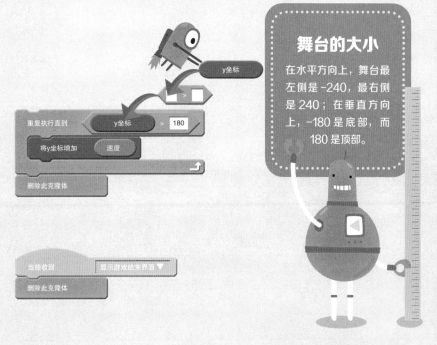

输入"-200"和"200"，这样克隆体就能够出现在整个舞台范围内。

3. 要使克隆体气球向上浮起，就要增加它的 y 坐标。使用"**重复执行直到……**"循环，并在里面插入"**将 y 坐标增加……**"。让循环不断运行，直到 y 坐标超过了屏幕顶部为止。然后"**删除此克隆体**"。

舞台的大小

在水平方向上，舞台最左侧是 -240，最右侧是 240；在垂直方向上，-180 是底部，而 180 是顶部。

4. 为了确保在游戏结束时，舞台上没有留下气球，可以添加这样一段简短的脚本。

气球爆裂

1. 如果要打爆气球，可以在"**当角色被点击**"时开始一段新脚本。

接下来会发生什么取决于气球的造型，因此可以放入一个"**如果……那么**"积木，并使用"**外观**"菜单中的"**造型编号**"来设定条件，如图所示。

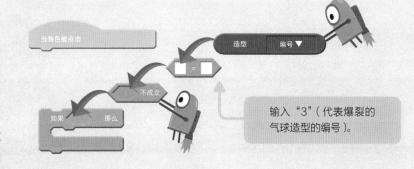

输入"3"（代表爆裂的气球造型的编号）。

这样可以确保现在只有当前这段脚本可以控制这个角色。

砰！

75

2. 现在来看看当气球是其他造型时，会发生什么。

放入一个"**如果……那么……否则**"积木，并再次使用"**造型编号**"来设定条件。将其添加到步骤 1 的"**如果……那么**"积木中。

3. 当点击气球时，如果是一个普通的气球，**播放声音**"pop"并且分数增加。如果不是普通的气球，而且还没有爆裂，那它一定是 ——"末日气球"！在"**否则**"部分中，**播放声音**（我们可以选择一种尖叫声）并将剩余时间**设置**为 0。

4. 无论是哪个气球，现在都应该切换到爆裂造型，并消失在舞台上。

完成后的代码

这一页以及下一页的顶部，是气球角色完整的代码。

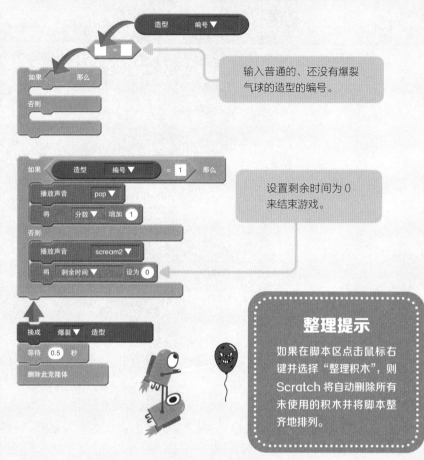

输入普通的、还没有爆裂气球的造型的编号。

设置剩余时间为 0 来结束游戏。

整理提示

如果在脚本区点击鼠标右键并选择"整理积木"，则 Scratch 将自动删除所有未使用的积木并将脚本整齐地排列。

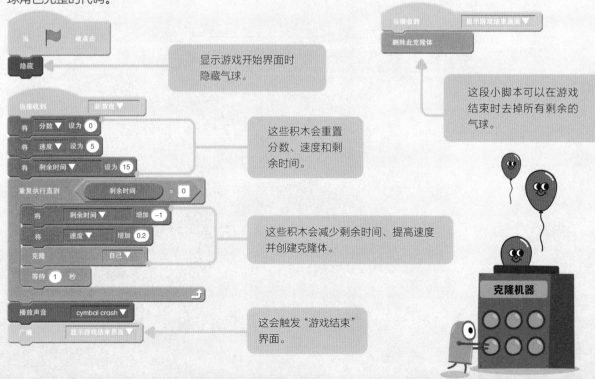

显示游戏开始界面时隐藏气球。

这段小脚本可以在游戏结束时去掉所有剩余的气球。

这些积木会重置分数、速度和剩余时间。

这些积木会减少剩余时间、提高速度并创建克隆体。

这会触发"游戏结束"界面。

克隆机器

这个脚本控制每个克隆体的移动方式，以及决定它会不会是一个"末日气球"。

这段脚本控制点击气球时会发生的事情。

随机数字决定了气球是否为"末日气球"。

这是气球爆裂的造型。

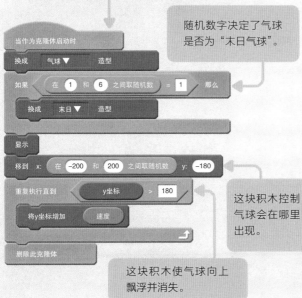

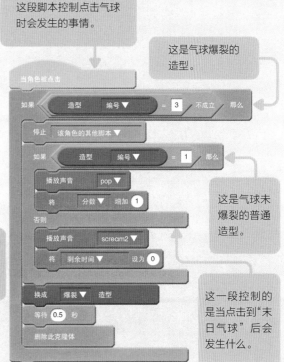

这块积木控制气球会在哪里出现。

这块积木使气球向上飘浮并消失。

这是气球未爆裂的普通造型。

这一段控制的是当点击到"末日气球"后会发生什么。

游戏结束

1. 若要添加"游戏结束"界面，你需要创建另一个文本角色，如右图所示。

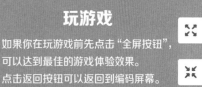
玩游戏
如果你在玩游戏前先点击"全屏按钮"，可以达到最佳的游戏体验效果。点击返回按钮可以返回到编码屏幕。

2. 接下来，给它写一段简单的脚本，让它在游戏结束时显示，然后再隐藏起来并启动开始界面。

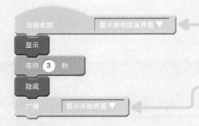

选择你在第 74 页的步骤 6 中创建的广播。

这个广播会让游戏开始界面再次出现。

配上点音乐

3. 如果你想给游戏配上背景音乐，可以选择**背景**并添加一段这样的脚本。在显示开始和游戏结束画面时音乐也会一直播放。

Scratch工具箱

在这一章中，你将会读到 Scratch 所有积木的使用指南和与计算机相关的词汇表，还有更多关于如何使用 Scratch 网站和在线资源的信息。

我的积木

保存和分享

在使用软件的过程中，Scratch 会自动保存你所做的操作。但如果你想在关闭软件后仍然能保留作品，就要给作品起个名字。如果你是在 Scratch 的官方网站上在线使用 Scratch，那就需要有一个 **Scratch 账户**才能将作品保存下来。

注册 Scratch 账户

你需要一位成年人的许可才能注册账户，
你可以求助你的爸爸妈妈。

1. 进入 Scratch 官方网站。点击"**加入 Scratch 社区**"。

2. 选一个你喜欢的**用户名**，设置**密码**，填写电子邮箱地址等，完成注册的各项步骤。

3. Scratch 将发送一封电子邮件到你刚刚填入的邮箱。当你收到电子邮件后，请按照邮件的说明来激活账号。

你有了账户之后，就可以点击"登录"来进入个人界面。

命名和查找作品

1. 当你开始创建一个新作品时，在舞台上方的框中给它起一个名字。它将被自动保存到一个叫作"我的东西"的文件夹中。

2. 要查看你已保存的作品，请点击右上角的"S"文件夹，再点击想要查看的作品就可以把它打开了。

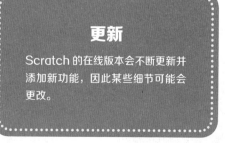

更新

Scratch 的在线版本会不断更新并添加新功能，因此某些细节可能会更改。

分享作品

如果你要将你的作品分享到网上，那么最好添加有关作品操作方法的说明。

1. 点击"**查看作品页面**"，然后添加操作说明，例如要按哪些按键。

2. 然后，点击"**分享**"按钮，其他人就可以试玩你的作品了。

改编

我们还可以改编 Scratch 网站上的作品。浏览网页，可以将你喜欢的作品制作成你自己的版本。

1. 打开任意一个作品，然后点击"**进去看看**"来查看代码。

2. 按照你的想法来改变它的代码，然后点击"**改编**"。新版本的作品将会被保存在你的"我的东西"文件夹中。

书包

你可以将脚本、角色和背景储存在"**书包**"中，方便以后使用。

1. 你会在屏幕底部找到书包。点击打开它。

2. 可以将脚本、角色和背景通过拖拽添加到书包中（可通过点击鼠标右键，选择删除来移除它们）。

学习更多的内容

将你的作品分享到网上，或者在网上查看别人的作品是一个获得反馈、进一步学习的好方法。在 Scratch 官方网站上你可以看到许多优秀、有趣的作品。

| 分享 | 进去看看 |

操作说明

请照顾我的宠物！

· 点击羽毛来逗它。
· 点击草莓来喂它。

要返回"编码"界面，请点击"**进去看看**"。

进去看看

发现

屏幕顶部的"发现"按钮将你带到一个能够浏览并改编作品的页面。

进去看看

改编

书包

要使用书包中的内容，只需将其拖到作品屏幕上即可。

书包

骑士　　箭头　　脚本

菜单指南

这里将各菜单中每个积木的具体功能进行汇总。

运动

"**运动**"菜单里的积木可以用于让角色在舞台上移动。

普通的指令是用矩形积木来表示的，也称为**堆块**积木，因为它们可以一块块地堆叠。

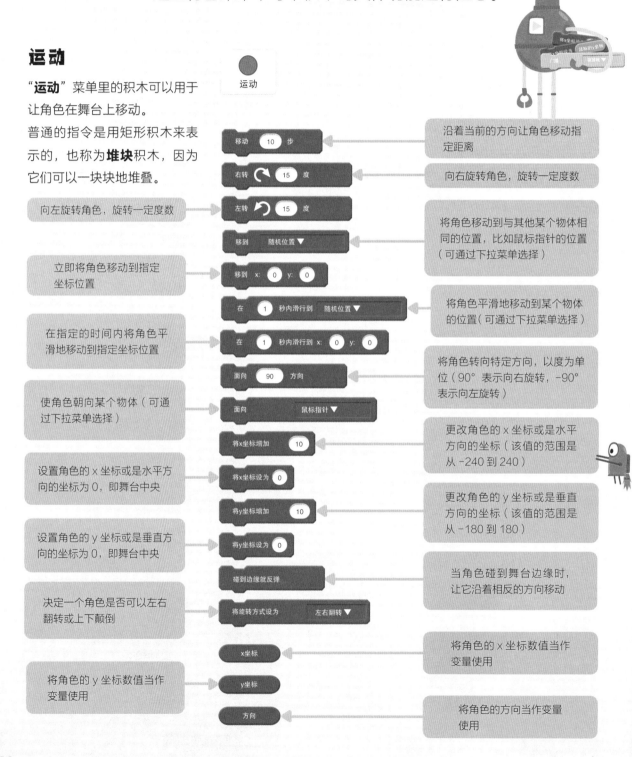

沿着当前的方向让角色移动指定距离

移动 10 步

向右旋转角色，旋转一定度数

右转 15 度

向左旋转角色，旋转一定度数

左转 15 度

将角色移动到与其他某个物体相同的位置，比如鼠标指针的位置（可通过下拉菜单选择）

移到 随机位置 ▼

立即将角色移动到指定坐标位置

移到 x: 0 y: 0

将角色平滑地移动到某个物体的位置（可通过下拉菜单选择）

在 1 秒内滑行到 随机位置 ▼

在指定的时间内将角色平滑地移动到指定坐标位置

在 1 秒内滑行到 x: 0 y: 0

将角色转向特定方向，以度为单位（90° 表示向右旋转，-90° 表示向左旋转）

面向 90 方向

使角色朝向某个物体（可通过下拉菜单选择）

面向 鼠标指针 ▼

更改角色的 x 坐标或是水平方向的坐标（该值的范围是从 -240 到 240）

将x坐标增加 10

设置角色的 x 坐标或是水平方向的坐标为 0，即舞台中央

将x坐标设为 0

更改角色的 y 坐标或是垂直方向的坐标（该值的范围是从 -180 到 180）

将y坐标增加 10

设置角色的 y 坐标或是垂直方向的坐标为 0，即舞台中央

将y坐标设为 0

当角色碰到舞台边缘时，让它沿着相反的方向移动

碰到边缘就反弹

决定一个角色是否可以左右翻转或上下颠倒

将旋转方式设为 左右翻转 ▼

将角色的 x 坐标数值当作变量使用

x坐标

将角色的 y 坐标数值当作变量使用

y坐标

将角色的方向当作变量使用

方向

外观

"外观"菜单里的积木可以用于控制角色和背景的外观，包括说话的气泡框和一些特殊效果。

外观

在固定的时间内给角色一个说话气泡框

说　你好！　2　秒

给角色一个说话气泡框

说　你好！

在固定的时间内给角色一个思考气泡框

思考　嗯……　2　秒

给角色一个思考气泡框

思考　嗯……

改变角色呈现在舞台上的造型

换成　造型2 ▼　造型

切换到角色的下一个造型

下一个造型

改变背景

换成背景　背景1 ▼

切换到下一个背景

下一个背景

输入正数使角色变大，输入负数使角色变小

将大小增加　10

将大小设为　100　%

使角色的大小按照起始大小的一定百分比来缩小或放大

使角色身上的特效变弱或变强（最大是100%）

将　颜色 ▼　特效增加　25

将　颜色 ▼　特效设为　2

为角色提供某个特殊效果（通过下拉菜单选择）

使角色恢复原来的样子

清除图形特效

显示

让角色显示在舞台上

使角色不出现在舞台上

隐藏

移到最　前面 ▼

如果多个角色重叠在一起，它能使某个角色位于其他所有角色的上方或下方

如果多个角色重叠在一起，它能使某个角色与它上方或下方的角色交换位置

移到　前移 ▼　1　层

圆角积木代表不同的"变量"（已被命名、值可以被改变）。它们不能单独使用，需要插入到其他积木中，参见第87页。

造型　编号 ▼

将造型编号或名称当作变量使用

背景　编号 ▼

将背景编号或名称当作变量使用

大小

将大小当作变量使用

声音

"**声音**"菜单里的积木可以用于控制声音。Scratch 附带了一个声音库，你可以直接使用，只需要先把库中的声音添加到脚本中。你还可以录制自己的声音。

声音

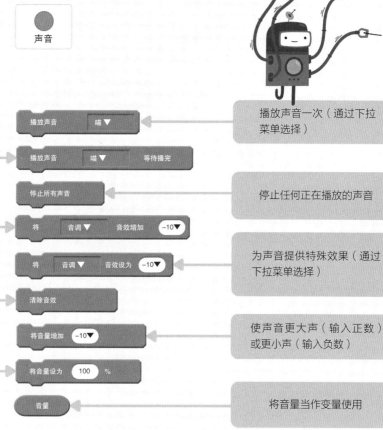

播放声音一次（通过下拉菜单选择）

播放声音并等待，直到它播完

停止任何正在播放的声音

使声音效果变弱或变强（最大为 100%）

为声音提供特殊效果（通过下拉菜单选择）

消除任何声音效果

使声音更大声（输入正数）或更小声（输入负数）

设定音量

将音量当作变量使用

音乐

"**音乐**"菜单里的积木可以用于控制音乐效果。你可以使用"**扩展**"按钮将"**音乐**"菜单添加到积木菜单（参见第 91 页）。

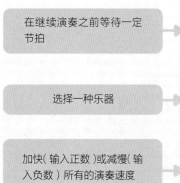

♪♪
音乐

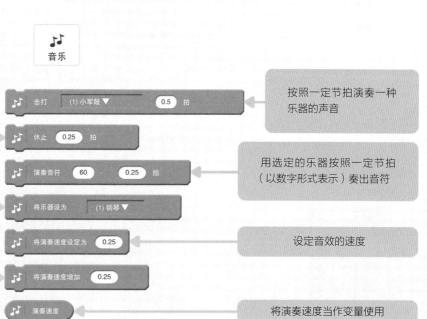

按照一定节拍演奏一种乐器的声音

在继续演奏之前等待一定节拍

用选定的乐器按照一定节拍（以数字形式表示）奏出音符

选择一种乐器

设定音效的速度

加快（输入正数）或减慢（输入负数）所有的演奏速度

将演奏速度当作变量使用

事件

"**事件**"菜单里的积木用于控制事情发生的时机。

事件

帽子形状的积木，带有弯曲的顶部，可以用来**启动**脚本。

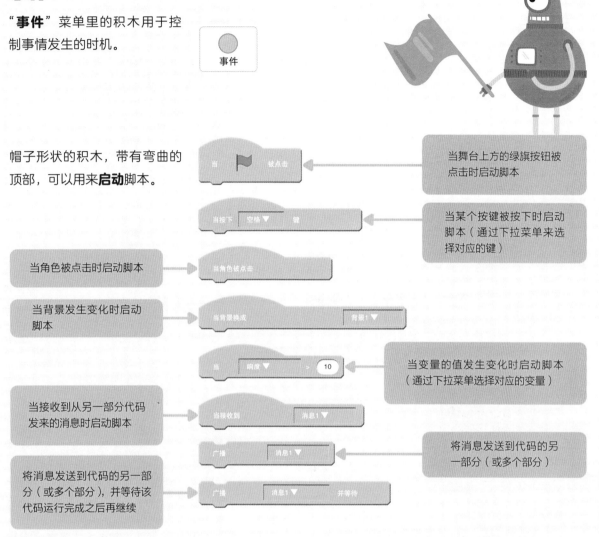

当舞台上方的绿旗按钮被点击时启动脚本

当某个按键被按下时启动脚本（通过下拉菜单来选择对应的键）

当角色被点击时启动脚本

当背景发生变化时启动脚本

当变量的值发生变化时启动脚本（通过下拉菜单选择对应的变量）

当接收到从另一部分代码发来的消息时启动脚本

将消息发送到代码的另一部分（或多个部分）

将消息发送到代码的另一部分（或多个部分），并等待该代码运行完成之后再继续

你可以根据积木的形状判断它可以放在什么位置，以及怎么样跟其他积木进行组合。

控制

"**控制**"菜单里的积木用于控制代码本身，代码应该什么时候运行以及要运行多久。你还可以使用控制积木来创建角色的"克隆体"，也就是一个角色的副本。

C 形积木包围其他指令积木，通常用于创建重复的**循环体**。

控制

让这段脚本暂停一段时间

等待 1 秒

使插入的代码不断重复执行

重复执行 10 次

使其中的任何代码重复执行一定次数

重复执行

循环体的末尾总是有一个向上的箭头。

C 形的"**如果……那么……否则**"积木可以用来设置发生各种事情的条件。

如果 那么

只有在满足插入框内的条件的情况下，才会执行它内部的代码

如果满足插入框内的条件，则执行第一段内部的代码；否则，执行第二段内部的代码

如果 那么

否则

等待满足某个特定条件

等待

重复执行直到

重复执行（循环）内部的代码，直到满足某个特定条件为止

停止特定脚本（通过下拉菜单选择）

停止 全部脚本 ▼

当作为克隆体启动时

克隆体（复制角色）创建出来的时候会启动此脚本

创建角色的克隆体（通过下拉菜单选择）

克隆 自己 ▼

"**封底**"积木（底部线条平直的积木）用于**结束**脚本。

删除此克隆体

删除一个克隆体

侦测

"**侦测**"菜单里的积木用于设置
其他积木的条件。它们大多数
是圆角或菱形角的，这些类型
的积木不能单独使用，需要插
入其他积木中才能使用。

用菱形的积木设置"**如果……**"
条件。在 Scratch 中，它们有
时被称为**布尔值**，因为它们使
用"布尔逻辑"，即简单的是非
逻辑来判断，只能用"是"或
"否"来回答问题。

侦测

检验角色是否碰到某些物体
（通过下拉菜单选择）

检验角色是否碰到某种颜色（可以
通过先后点击颜色框上的颜色来设
置颜色）

碰到 鼠标指针▼ ?

碰到颜色 ●   ?

检验某种颜色是否碰到另一种颜色
（可以通过先后点击颜色框来设置
颜色）

颜色 ●   碰到 ●   ?

到 鼠标指针▼ 的距离

将到某个物体的距离（通过下拉
菜单选择）当作变量使用

让角色问问题

询问 你叫什么名字? 并等待

将问题的答案当作变量使
用

回答

检验某个特定键（通过下拉菜单
选择该键）是否已被按下

按下 空格▼ 键?

将鼠标的左右水平位置
（x 坐标）当作变量使用

按下鼠标?

鼠标的x坐标

检验鼠标按钮是否已被按下

将鼠标的垂直位置（y 坐标）
当作变量使用

鼠标的y坐标

将拖动模式设为 可拖动▼

设定某个角色是否可以被拖动

将外界声音的大小当作变量
使用

响度

计时器

使计时器归零

计时器归零

将记录下的时间当作变量使用

将有关舞台或角色的信息当作
变量使用

舞台▼ 的 背景编号▼

圆角框代表**变量**。在 Scratch 中，
它们也被称为**报告积木**，因为它
们会收集程序进行过程中的反
馈信息作为变量。

当前时间的 年▼

将当前日期或时间当作变量使用

2000年至今的天数

计算自 2000 年 1 月 1 日到今天以来的天数

用户名

如果玩家登录了 Scratch 账号，则可以将
玩家的用户名当作变量使用

运算

"**运算**"菜单里的积木用于进行数学运算以及设置"与""或""不成立"之类的条件，这在编码中通常被称为"逻辑"。

运算

所有"**运算**"积木都是圆角或菱形角的，需要插入到其他积木中才能使用。

这些圆角积木（**报告积木**）能让你使用不同的变量进行数学运算。

加

减

乘

除

在 1 和 10 之间取随机数 ◄— 在某个范围内选择一个随机的数字

菱形角积木（**布尔值**）用于设定条件。

◄— 检验第一个值是否大于第二个值

◄— 检验第一个值是否小于第二个值

将数字或变量填写在白框中

◄— 检验两个值是否相等

与 ◄— 检验两个条件是否都成立

这些框中必须用菱形角积木来填充

或 ◄— 检验两个条件中任意一个条件是否成立，或者两个条件是否同时成立

不成立 ◄— 检验某个条件是否不成立

将两个变量连接在一起

连接 苹果 香蕉

苹果 的第 1 个字符 ◄— 从词语中提取指定字符（这里的第一个字符是"苹"）

检查一段文字中是否包含某个特定字符

苹果 包含 果 ？

苹果 的字符数 ◄— 统计某个词语中的字符数

记录第一个值除以第二个值的余数

◯ 除以 ◯ 的余数

四舍五入 ◯ ◄— 对某个数量进行四舍五入，使其变成最接近的整数

用于进阶的数学计算，例如求平方根或使用三角函数计算角度相关问题（通过下拉菜单来选择）

绝对值 ▼

变量

"**变量**"菜单里的积木用于管理信息。变量既可以是单独的、有名字的一条信息，也可以是一个"**列表**"。

要使用"**变量**"菜单里的积木，你首先需要在程序中"建立一个变量"或"建立一个列表"。

在选择"建立一个变量"时，系统会要求你为其命名。* 然后，一组具有该名称的新积木将显示在"**变量**"菜单中。"**变量**"用于管理可能会发生变化的数字，例如角色在游戏中的速度或得分。

将一个项目添加到列表的末尾

当你选择"建立一个列表"时，系统会要求你为列表命名。一组具有该名称的新积木就会出现在"**变量**"菜单中。"**列表**"会记录若干信息，比如一个游戏的一组分数。

找到列表中第一个值为"东西"的项目并反馈其在列表中的编号，如果列表中找不到则反馈 0

在舞台上显示列表

使列表从舞台上消失

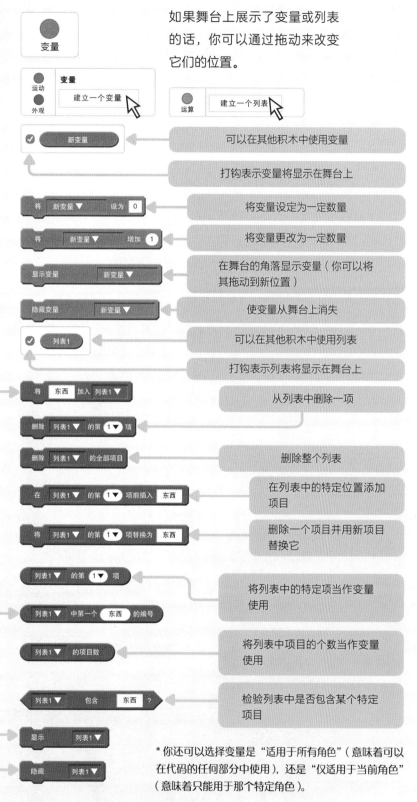

如果舞台上展示了变量或列表的话，你可以通过拖动来改变它们的位置。

可以在其他积木中使用变量

打钩表示变量将显示在舞台上

将变量设定为一定数量

将变量更改为一定数量

在舞台的角落显示变量（你可以将其拖动到新位置）

使变量从舞台上消失

可以在其他积木中使用列表

打钩表示列表将显示在舞台上

从列表中删除一项

删除整个列表

在列表中的特定位置添加项目

删除一个项目并用新项目替换它

将列表中的特定项当作变量使用

将列表中项目的个数当作变量使用

检验列表中是否包含某个特定项目

*你还可以选择变量是"适用于所有角色"（意味着可以在代码的任何部分中使用），还是"仅适用于当前角色"（意味着只能用于那个特定角色）。

自制积木

"**自制积木**"菜单可以让编程者创建**自定义**积木，每个积木都包含可以再次使用的代码部分。这是程序员经常做的事情——在其他计算机语言中，这被称为创建一个**例行程序。**

自制积木

首先，点击"制作新的积木"。

制作新的积木

积木名称

给你的新积木起个名字（例如"新积木"）。

新积木

同时，一个"**定义**"积木出现在**脚本区**。
在它的下面添加积木来告诉计算机你的新积木应该做什么。

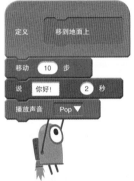

定义　　移到地面上

移动　10　步

说　　你好!　　2　秒

播放声音　Pop ▼

新积木将出现在"**自制积木**"菜单中。你可以把它当作快捷方式来使用，这样就不必一次又一次地搭建相同的积木堆；也可以用它来改变这些积木的运行方式（请参见右侧的选项 3）。

显示

将笔的粗细设为　3

隐藏变量　　分数 ▼

面向　　　　　　▼

新积木选项

在制作新积木时，你可以选择添加其他功能。

1. 可以自制一个带有方框的，能插入其他积木的积木，这样就可以添加变量或条件。

添加输入项
数字或文本

添加输入项
布尔值

2. 也可以自制一个能输入文本标签的积木。

text

添加文本标签:

3. 勾选"运行时不刷新屏幕"，可以让新积木在运行时不进行"刷新"，也就是在它所包含的全部脚本执行完毕前不更新屏幕上的画面。

☑　运行时不刷新屏幕

扩展

"扩展"包含额外的菜单和积木，包括"**画笔**"和"**音乐**"积木。只需点击"**扩展**"按钮，并选择某个选项，就能让其显示出来。

音乐
演奏乐器和鼓。

画笔
绘制你自己的角色。

画笔

"画笔"积木可以使用角色进行绘画。

画笔

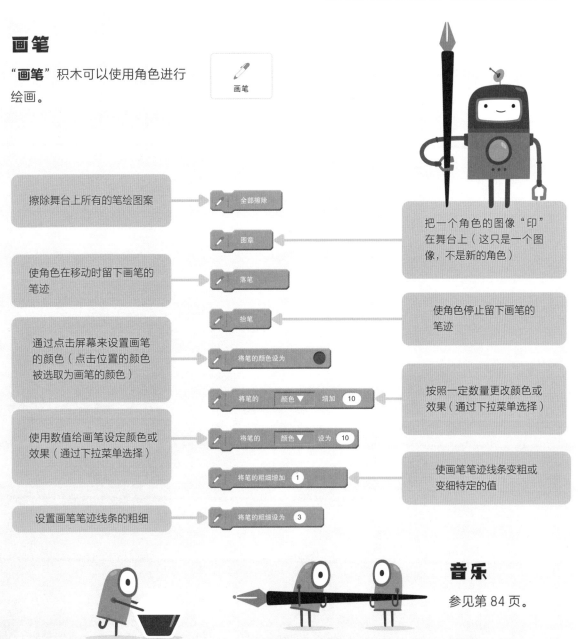

擦除舞台上所有的笔绘图案 → 全部擦除

图章 ← 把一个角色的图像"印"在舞台上（这只是一个图像，不是新的角色）

使角色在移动时留下画笔的笔迹 → 落笔

抬笔 ← 使角色停止留下画笔的笔迹

通过点击屏幕来设置画笔的颜色（点击位置的颜色被选取为画笔的颜色）→ 将笔的颜色设为 ●

将笔的 颜色▼ 增加 10 ← 按照一定数量更改颜色或效果（通过下拉菜单选择）

使用数值给画笔设定颜色或效果（通过下拉菜单选择）→ 将笔的 颜色▼ 设为 10

将笔的粗细增加 1 ← 使画笔笔迹线条变粗或变细特定的值

设置画笔笔迹线条的粗细 → 将笔的粗细设为 3

音乐

参见第84页。

词汇表

动画 将一系列图像连续显示，看起来就像是物体在动。

背景 Scratch 中指的是舞台背景图片。

背景库 Scratch 中指的是可直接选用的背景图片清单。

背景按钮 Scratch 中指的是用来打开背景库的按钮。

书包 Scratch 账号的一部分，你能在里面存储角色、背景和脚本，以便在将来使用。

二进制 一种用 1 和 0 来记数的方法，所有计算机都采用这种方法。

位图 在计算机技术中指的是由一个个颜色点或像素组成的图像。在 Scratch 中指的是能逐个像素来画画的绘图方式。

积木 Scratch 中指的是一个代码单元，它可以与其他积木拼在一起构成脚本。

积木菜单 Scratch 中指的是一组特定类型的积木，比如运动或者外观。

布尔积木 Scratch 中指的是一种只有两个选项的报告积木，选项可以是 true/yes（正确 / 是）或 false/no（错误 / 否）。

布尔逻辑 一种被所有计算机采用的解决问题的方法，它涉及将决策分解成简单的 yes/no（是 / 否）问题。

BPM beats pen minute 的缩写，指每分钟的拍子数，是用来衡量音乐演奏速度的单位。

广播 Scratch 中指的是使用代码将消息从一方发送到另外一方。

bug 在代码中导致程序无法正确运行的错误。

字节 用来衡量计算机中数据量的单位。参见兆字节。

C 形积木 Scratch 中指的是因包围其他积木而形成英文字母 C 形状的积木，比如循环积木和"如果……"积木。这种形状有助于使语法结构显示清晰。

封底积木 Scratch 中指的是用来结束或"封住"脚本的积木。不能在这种积木下方添加其他积木。

清除 擦去或删除某物件，通常是指从舞台上擦除或删去。

点击 通过单击鼠标按键选择某物。一律用鼠标左键，除非明确说是"右击"。

克隆体 一份完全相同的副本。在 Scratch 中指的是一个角色的副本。

代码 用计算机语言编写的指令，告诉计算机该做什么。

编码 为计算机编写指令。

计算机 遵循指令和处理数据的机器，常常表现为接受输入并将其转化为结果或输出。

计算机语言 为计算机设计的一种语言，有固定的单词表和语法。Scratch 就是一种计算机语言。

计算机逻辑 所有计算机都遵循的基本软件运行规则。

条件 在计算技术中指的是计算机程序在做出决定前必须考虑的事情。Scratch 中条件由布尔积木来设定。

条件语句 指示计算机对不同条件做出不同响应的指令，比如"如果"或"重复执行直到……"。

常量 在计算机技术中指的是一条固定的数据（与变量相反）。

控制菜单 Scratch 中指的是积木菜单中用来控制其他积木或脚本的一组积木。

坐标 一种将某个区域划分为网格并衡量距离的方法，这样你就可以根据物体离原点的左 / 右（x 坐标）和上 / 下（y 坐标）距离来找到它们。

造型 Scratch 中指的是同一个角色的不同外观样式。

裁剪 修剪图片的边缘。

光标 在屏幕上不停闪烁的一条短线，你键入的内容在屏幕上出现的位置。有时也被用作鼠标指针的别称。

自定义积木 Scratch 中可以包含一整套其他积木的单个积木。你可以在自制积木菜单中创建自己的自定义积木。

数据 计算机所使用的信息。任何可能变化的数据都必须被标记出来，通常是通过创建变量或列表。不会变化的数据有时被称为常量。参见字符串。

调试 修复代码以消除错误或 bug。

删除 从计算机内存中去除某些内容。

双击 点击鼠标左键两次。

下载 将网站上的内容保存到计算机上。

拖拽 在计算机技术中指的是按住鼠标按键的同时移动某个项目。在竞速比赛中指的是使东西减速的力量。

下拉菜单 当点击时出现的选项列表。

复制 创建一个相同的副本。

椭圆 圆形或鹅卵形。

事件菜单 Scratch 中用于启动和停止脚本的一组积木。

扩展 Scratch 中可以被添加到积木菜单中的额外的积木。

文件 一组保存在计算机上的信息。不同类型的文件末尾具有不同的字母或是文件扩展名。

文件扩展名 文件名下圆点后面的一组字母，用来告诉计算机在文件中存储的信息是哪种类型。 例如".jpg"表示图像文件，".wav"表示声音文件。

文件名 当你把某个文件保存在计算机上时给它取的名字。

流程图 一种图表，可用于规划程序的内部程序及每一步。

文件夹 将不同计算机文件进行分组保存的一种方法。

字体 一种文字展示风格。

图形特效 可以改变图片的展示效果。

绿旗按钮 Scratch 中通常使用"当绿旗被点击"这样的开始积木来启动脚本。

帽子积木 见开始积木。

图标 在计算机技术中指的是代表某物件（比如文件或一组控件）的小图片。

如果 / 否则 计算机技术中的一种条件指令，它告诉计算机在条件成立和不成立两种情况下该做什么。

如果 / 那么 计算机技术中的一种条件指令，它告诉计算机在条件成立的情况下该做什么。

无尽卷轴 一种会持续进行直到玩家犯错为止的游戏类型。

输入 你给计算机的信息或指令。

互联网 一个可以让世界各地的计算机相互通信的庞大网络。

关键字 对计算机来说有固定、精确含义的标识符，比如"移动"或"播放"。

图层 一种拆解图片的方式，以便某些部分出现在其他部分的前面。

关卡 在计算机游戏中要完成的挑战。

列表 一种在计算机中组织任意数量的信息的方法。

登录 通过输入用户名和密码来访问计算机账户。

外观菜单 Scratch 中用来改变东西在舞台上的呈现方式的一组积木。

循环 一段重复执行的代码。

兆字节 1024 × 1024（1048576）字节。

菜单 选项列表。

消息传递 计算机技术中是指在程序的不同部分之间发送信息；Scratch 中消息传递是通过广播来实现的。

麦克风 Scratch 中指的是一个弹出式菜单中的选项，可录制声音。

运动菜单 Scratch 中用来在舞台上移动角色的一组积木。

鼠标指针 你在屏幕上看到的箭头，它是通过移动鼠标来控制的。

音乐扩展 Scratch 中用来控制音乐的一组积木。

自制积木菜单 Scratch 中的一个积木菜单，它允许编程者创建自己的自定义积木。

我的东西 如果你有 Scratch 账户，那么你的作品就将会被保存在这里。

嵌套循环 循环内部的循环。

离线 当计算机没有连接到互联网时。

在线 当计算机已经连接到互联网时。

运算菜单 Scratch 中用于进行数学运算和使用布尔逻辑呈现条件的一组积木。

输出 从计算机上得到的结果。

画笔 Scratch 中指的是一个弹出式菜单中的选项，用于显示绘画工具。

绘画工具 Scratch 中可以用来创造自己的角色和背景的一组工具。

调色板 在计算机技术中指的是可以直接选用的选项（通常是颜色）的展示画面。

画笔扩展 Scratch 中使用角色来绘画的一组积木。

像素化 是指一种图形效果，能把图片分解成较大的颜色点。

像素 在屏幕上构成图片的彩色点。

程序 在计算机语言中的一组指令，用来告诉计算机要做什么。

随机 不取决于固定模式或方法，所以无法预测。

红色按钮 Scratch 中，点击这个按钮可以停止所有脚本。

改编 Scratch 中指的是某个作品的新版本，其中的代码已被修改过。

无限重复执行 计算机技术中指的是使某段代码无休止地重复执行的指令。Scratch 中是由 C 形积木实现的。

重复执行直到 在计算机技术中指的是使某段代码重复执行直到满足某一条件的指令。Scratch 中是由带有条件的 C 形积木实现的。

报告积木 Scratch 中指的是一种在另一个积木内部被使用的积木，它包含着一个值（比如变量或字符串），并且它会将这个值"报告"给外围的积木。

右击 点击鼠标右键。

旋转方式 Scratch 中指的是角色转身的方式，如当角色到达舞台边缘反弹时会不会上下颠倒。

子程序 在计算机技术中指的是一段被命名的、可重复利用的代码；在 Scratch 中，是由自定义积木实现的。

运行 让程序或脚本运转起来。

保存 存储计算机文件，以便将来能再次使用它们。 在 Scratch 中你可以把作品在线保存到你的 Scratch 账户中，或者离线保存到你的计算机上。

Scratch 一种专门用来教初学者学习编码的计算机语言。

Scratch 账号 一种在线使用 Scratch 的方式，你可以通过 Scratch 账号保存作品并与他人分享。

Scratcher 使用 Scratch 的人。

屏幕刷新 指的是计算机更新屏幕上的画面的时刻。

脚本 Scratch 中指的是通过将代码积木堆叠在一起构成的一组指令。

脚本区 Scratch 中指的是屏幕上的一块区域，你可以在这里为选定的角色编写脚本（将代码积木堆叠成脚本）。

滚屏 移动屏幕的可见部分，通常是通过滑动右边的一个滚动条和底部的另一个滚动条。

侦测菜单 Scratch 中使角色对特定情况做出响应的一组积木。

滑块 一个让你可以通过平滑移动鼠标，在某个数字范围之内选取数值的按钮。

声音菜单 Scratch 中用来控制声音效果的一组积木。

声音库 Scratch 中可以直接使用的声音集合。

喇叭按钮 Scratch 中用来打开声音库的按钮。

特效 见图形特效。

角色 Scratch 中指的是可以附加上脚本的图片（任何东西的图片，包括文本）。

角色区 Scratch 中指的是屏幕上能看到作品中使用的所有角色的区域。

角色按钮 Scratch 中用来打开角色库的按钮。

角色库 Scratch 中可直接选用的角色的清单。

脚本块 Scratch 中指的是已连接在一起的一组积木。

堆块积木 Scratch 中指的是普通的长方形积木，它可以在上方和下方连接其他积木。

舞台 Scratch 中指的是能观察代码运行效果的地方。它也有自己的代码区域，你可以在里面添加脚本来控制背景和背景特效。

开始积木 Scratch 中，这些积木可以启动执行连接在它们下面的所有积木。也称为帽子积木。

开始界面 你在计算机游戏中看到的第一个界面，也被称为标题界面。

字符串 在计算机技术中指的是被计算机当作字符（不是数值）来处理的一串字母或数字。

语法 一种编写代码的规则，使计算机能够理解这些代码。

演奏速度 音乐的速度，以 bpm 为衡量单位。

文本工具 Scratch 中的一个绘画工具，可以用它在图片中添加文字。

标题界面 见开始界面。

上传 将数据或文件从你的计算机发送并储存在互联网上，因此这些内容可以在线使用或查看。

用户名 你用于注册在线服务（比如 Scratch 账户）的名字。

变量 一种为计算机标记信息的方法，以便计算机能持续追踪有可能发生变化的数据项。

变量菜单 Scratch 中用来处理变量和列表的一组积木。

矢量图 在计算机技术中指的是由各个形状组成的图像。Scratch 中指的是一种让编程者用形状来画画的绘画模式。

摄像头 可以拍摄画面并连接到计算机的摄像机。

网站 你能在互联网上看到的某个页面（或一组页面）。

窗口 在计算机技术中指的是屏幕上显示某一程序的信息的框形区域。

x 坐标 一个数字，用于确定某个东西在网格中（如 Scratch 中的舞台）的左右方向上出现的位置。

y 坐标 一个数字，用于确定某个东西在网格中（如 Scratch 中的舞台）的上下方向上出现的位置。

放大 让图片变大，以便查看更多细节。

缩小 让图片变小，以便查看更多内容。

桂图登字：20–2020–011

Coding for Beginners using Scratch
Copyright ©2021 Usborne Publishing Ltd.
First published in 2019 by Usborne Publishing Ltd., England.

图书在版编目（CIP）数据

Scratch 编程一学就会 / 英国尤斯伯恩出版公司编著；陈珊等译 . — 南宁：接力出版社，2021.3
（少年创客学院）
ISBN 978-7-5448-6886-0

Ⅰ . ① S… Ⅱ . ①英… ②陈… Ⅲ . ①程序设计 – 少儿读物 Ⅳ . ① TP311.1-49

中国版本图书馆 CIP 数据核字 (2020) 第 233817 号

责任编辑：唐 玲 文字编辑：黄筠媛 美术编辑：王 辉 汪 宇
责任校对：张琦锋 责任监印：陈嘉智 版权联络：闫安琪
社长：黄 俭 总编辑：白 冰
出版发行：接力出版社 社址：广西南宁市园湖南路 9 号 邮编：530022
电话：010-65546561（发行部） 传真：010-65545210（发行部） http://www.jielibj.com
E-mail:jieli@jielibook.com 印制：北京尚唐印刷包装有限公司 开本：787 毫米 ×1092 毫米 1/16
印张：6.5 字数：90 千字 版次：2021 年 3 月第 1 版 印次：2021 年 3 月第 1 次印刷
定价：78.00 元